好的PPT会说话

如何打造完美幻灯片

张博 著

人民邮电出版社

北京

图书在版编目（CIP）数据

好的PPT会说话 : 如何打造完美幻灯片 / 张博著
. -- 北京 : 人民邮电出版社, 2021.3
ISBN 978-7-115-55019-4

Ⅰ. ①好… Ⅱ. ①张… Ⅲ. ①图形软件 Ⅳ.
①TP391.412

中国版本图书馆CIP数据核字(2020)第192723号

内容提要

这是一本关于如何做好 PPT 的书，全书共 7 章，系统地介绍了 PPT 的设计理念和制作技巧，同时搭配了一套在线视频教程。图书与视频相结合，可以帮助读者取得更好的学习效果。

学习 PPT 制作技巧的初衷是让 PPT 变得更漂亮，但很多人往往迷失在繁杂的设计技巧中，始终无法做出让自己满意的 PPT。究其原因，往往不是技术水平不足，而是逻辑混乱和审美能力欠缺，这就是本书重点要解决的问题。

本书前 3 章讲述了在打开软件之前需要做的事情，即从观众的角度出发为 PPT 做好规划，厘清演示的逻辑，重塑对 PPT 的认识。第 4 章将平面设计的表现手法应用到 PPT 设计中，助力读者从根本上理解制作出有艺术感的 PPT 的秘诀。第 5 章和第 6 章详细讲解了制作 PPT 所需的技巧和 PPT 动画的运用，这是本书的重点内容。第 7 章再次强调了对 PPT 的正确定位，并给出了一些正式演示前的练习建议。

本书适合需要制作 PPT 的公司职员阅读，也适合在校大学生、求职者和 PPT 设计师参考学习。

◆ 著　　　　张　博
责任编辑　王　冉
责任印制　马振武

◆ 人民邮电出版社出版发行　　北京市丰台区成寿寺路 11 号
邮编 100164　　电子邮件 315@ptpress.com.cn
网址 https://www.ptpress.com.cn
北京博海升彩色印刷有限公司印刷

◆ 开本：700×1000 1/16
印张：15.75
字数：375 千字　　2021 年 3 月第 1 版
印数：1－2 500 册　　2021 年 3 月北京第 1 次印刷

定价：79.80 元

前言

PREFACE

本书主要围绕 PPT 制作进行讲解，从逻辑到视觉，从理论到技巧，系统阐述了 PPT 制作的思路和技巧。读者通过阅读本书，不仅能够掌握 PowerPoint 这款软件的操作技巧，还能够从设计的角度去理解为什么有的 PPT 比其他 PPT 更好看。此外，**“为什么”和“为了谁”做 PPT，往往比“怎么做”PPT 更加重要，**本书将此理念融入每一章和每一个案例中，既注重内容的实用性，又注重软件的操作性，希望读者在阅读本书后能够做出内容与形式俱佳的 PPT。

下面这张思维导图概括了本书内容体系。

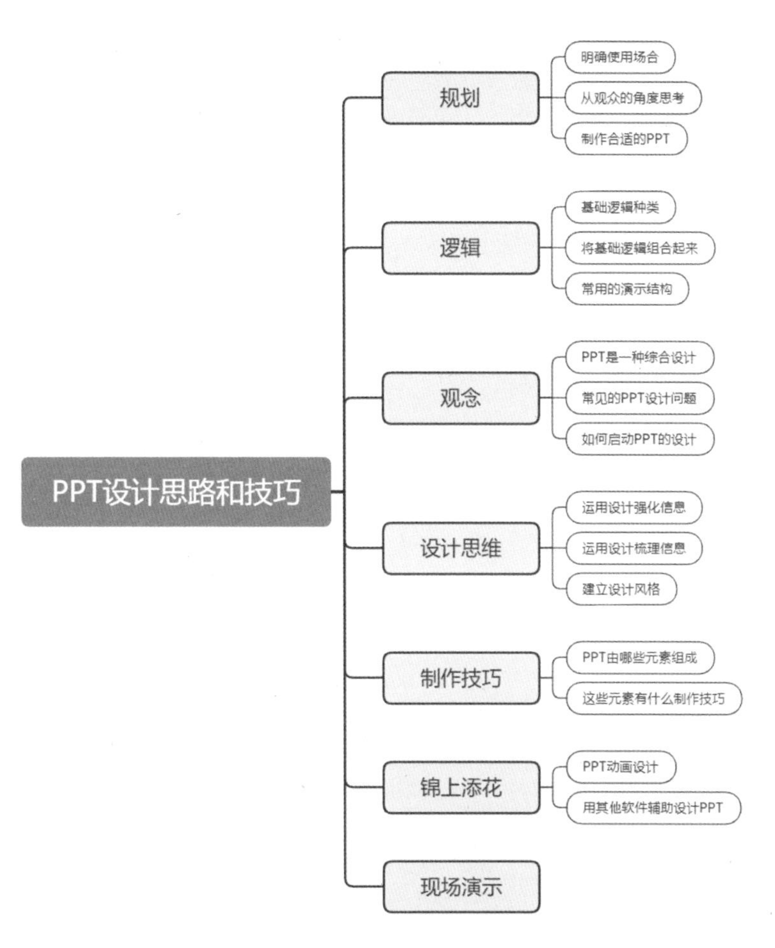

本书主要脉络是这样：面对不同观众，我们应该有不同的演示策略，并在此基础上，思考清楚演示框架，我们需要一些平面设计理论来建立 PPT 风格，还需要图片、字体、配色、形状和动画等方面的操作技巧来完成 PPT 设计。

笔者还精心制作了一套视频教程，用来配合本书的学习，视频教程重点讲解技巧和方法，其中包括一些精彩的实战案例。如果说读者能通过本书学到优秀的制作理念，那么视频教程就是指导读者将理念转化为实战的最好形式。

以上就是本书的核心框架。希望本书能够给需要制作 PPT 的人士提供一定的帮助。由于笔者水平有限，书中若有瑕疵，还望读者海涵。最后，感谢人民邮电出版社编辑在我写作本书过程中给予的细心而专业的指导，感谢在完成本书的过程中为我提供支持的朋友和家人。

张博

2020 年 8 月 15 日

资源与支持

本书由“数艺设”出品，“数艺设”社区平台（www.shuyishe.com）为您提供后续服务。

- **配套资源**

视频教程：结合图书对 PPT 基础操作进行讲解，并提供多个进阶实战案例教程。

资源获取请扫码　　**在线视频**

提示：微信扫描二维码，点击页面下方的“兑”→“在线视频＋资源下载”，输入 51 页左下角的 5 位数字，即可观看视频。

“数艺设”社区平台，为艺术设计从业者提供专业的教育。

- **与我们联系**

我们的联系邮箱是 szys@ptpress.com.cn。如果您对本书有任何疑问或建议，请您发邮件给我们，并请在邮件标题中注明本书书名及 ISBN，以便我们更高效地做出反馈。

如果您有兴趣出版图书、录制教学课程，或者参与技术审校等工作，可以发邮件给我们；有意出版图书的作者也可以到“数艺设”社区平台在线投稿（直接访问 www.shuyishe.com 即可）。如果学校、培训机构或企业想批量购买本书或“数艺设”出版的其他图书，也可以发邮件联系我们。

如果您在网上发现针对“数艺设”出品图书的各种形式的盗版行为，包括对图书全部或部分内容的非授权传播，请您将怀疑有侵权行为的链接通过邮件发给我们。您的这一举动是对作者权益的保护，也是我们持续为您提供有价值的内容的动力之源。

- **关于“数艺设”**

人民邮电出版社有限公司旗下品牌“数艺设”，专注于专业艺术设计类图书出版，为艺术设计从业者提供专业的图书、U 书、课程等教育产品。出版领域涉及平面、三维、影视、摄影与后期等数字艺术门类，字体设计、品牌设计、色彩设计等设计理论与应用门类，UI 设计、电商设计、新媒体设计、游戏设计、交互设计、原型设计等互联网设计门类，环艺设计手绘、插画设计手绘、工业设计手绘等设计手绘门类。更多服务请访问“数艺设”社区平台 www.shuyishe.com。我们将提供及时、准确、专业的学习服务。

目录
CONTENTS

第 4 章 设计让 PPT 更出彩

第 5 章 PPT 制作技巧

第 6 章 PPT 动画的运用

第 7 章 PPT 并非全部

第 1 章

做好 PPT 的规划

本章导读

在过去的短短 20 年里，信息技术带来的变革促使人们将大量的学习、工作和交流事务转移到了计算机上，人们传达观点、汇报工作、介绍产品和传播知识的方式也因此发生了变化，演示文稿软件在此背景下应运而生。

随着时代的发展，演示文稿软件的用户越来越多，应用的场合也越来越多。比如，作为一名大学生，需要在临近毕业时完成一场答辩；作为一名求职者，需要展示自己的履历和优势；作为一名职场人士，需要向领导汇报工作成果。不论何种情况，演示者都希望演示文稿能够起到给自己加分的作用。

1.1 想要说服谁

在学校时，我曾参与过一次小组学术讨论，参与者都是熟悉的同学和老师，一位同学的 PPT 让我记忆犹新。他在研究上很认真，在制作 PPT 上也下足了功夫。他在 PPT 中添加了大量的色彩和动画，一页页幻灯片让人眼花缭乱。伴随着快速切换的动画效果和夸张的音效，一场课题演示结束后，台下的观众似乎只记住了特效，对内容却没有过多的印象。

后来，在一个正式场合中，该同学又一次上台演示同一个课题。这次参与的老师和同学更多了，还有几位老教授坐在前排。让我们感到惊讶的是，他的 PPT 依旧是上一次小组讨论时所用的那份。后面的情况是可以预见的，这次演示因被教授的提问打断而提前结束，这位演示者也因此被追问了很多学术方面的问题。

从这个案例可以看出，当面对不同对象时，我们应该有不同的演示策略。一场演示就是一场交流，要完成一场优秀的演示，需要从观众入手。在演示前，应分析观众的关注点和需求，揣摩他们的心理。演示的关键不在于你有什么，而是观众想要听什么。

PPT 存在的原因是让观众能够更好、更快地了解演示者希望传递的信息。因此，在开始制作 PPT 之前，先思考一下你所要面对的对象是谁。

1.2 从观众的角度思考

有一位法官朋友，应邀前往她儿子就读的小学做演讲，主题是法律的普及教育。她有点犯难了，她敏锐地感觉到这件事情没有看起来那么容易。在法庭上宣判没问题，在同行中演讲没问题，甚至在媒体面前宣讲也没问题，但怎样才能给小朋友讲明白法律呢？严密的逻辑和复杂的术语是否能被理解？答案当然是否定的。因此当她来找我商量时，我给她的建议是采用趣味性十足的卡通方式来进行演示，并且尽量减少专业术语的使用，转而讲一些容易理解的法理小故事。

减少专业术语的使用，就是一个从观众的角度思考的结果。即便演讲的主题本身是十分专业的，也应当尽量减少专业术语的使用，因为除了行业内部的研讨之外，很少会有观众对专业术语有清晰的认识。而大部分的术语都是晦涩、枯燥和抽象的，重复地使用各种专业术语会让最富有精力的听众也开始打瞌睡。

在当今世界，人人都是观众，人人也都是说服者。如果你不想让你的观众感到乏味和茫然，就得从他们的角度去思考。表 1-1 中列出的是两种常见的演示场景下，大多数观众的关注点。

表 1-1　不同场景下观众的关注点

类型	观众	关注点
个人演示	上级	现状、仍存在的问题、解决措施、工作计划
	同事、同学	值得学习的经验、需要配合的事项
	下属	激励、任务安排、工作流程
	学术评委	完整性、正确性、学术创新性
团队演示	投资人	痛点、解决方案、规模、盈利、成果、优势、团队
	大客户	是否有能力、是否能满足需求、是否富有竞争力
	公司高层	工作成果、需要的资源、工作计划和建议
	消费者	新产品、演示者的魅力、发布会的娱乐性

1.3 明确使用场合

PPT 只是一种工具，虽然这种工具在当今十分流行，但这并不代表它就是唯一的选择。当一份 PPT 真的能够帮助你的时候，它才有存在的价值。

对于小范围的创意讨论，参与者追求的是无缝的沟通和跳跃的思维，所以可以使用圆桌会议的方式，用便签、白板来记录每一刻都在迸发的灵感。对于内部会议，发言人可以提前准备一份精简的打印文档，在会议刚开始时让其他成员在规定的时间内自行快速阅读，之后直接回答他们的提问。在这两种情况下，用 PPT 演示可能会显得累赘。

随着 PPT 的普及，很多人都会因为习惯而选择这样的演示方式，并不去思考适合与否。例如，一些咨询公司的可交付成果由原本严谨厚重的印刷版书册变为打印的 PPT 文稿，不管是形式还是内容都让人感觉不够完善。

在制作一份 PPT 之前，需要思考的问题是：我真的需要这一份 PPT 吗？在考虑过多种方案后，如果仍然觉得 PPT 是最好的选择，这时候再开始制作 PPT 会更有目的性。

如果你不能很好地判断什么时候需要用到 PPT，这里提供一点建议。当你所要进行的演示有以下特点时，PPT 会是一个不错的选择。

- 内容专业，结构复杂，一份清晰的 PPT 可以帮助你准确地传递信息。
- 需要介绍某些事物，仅靠语言很难准确描述，一份设计精良的 PPT 可以提供视觉化的表达。
- 缺乏经验，没有信心上台演讲，一份简洁的 PPT 可以起到提词作用。

1.4 演示型和阅读型 PPT 的区别

食品包装袋是我们常见到的东西，包装袋的正面和反面在购物中起到了不同的作用。正面的图片促使消费者注意到它，而反面的文字则提供这款食品的详细信息。

PPT 也分正反两面，即演示型和阅读型。做 PPT 其实是将感性思维和理性思维相结合的过程。感性思维是故事化的表述和外观的设计与美化，理性思维是结构化的思考和逻辑化的表达。

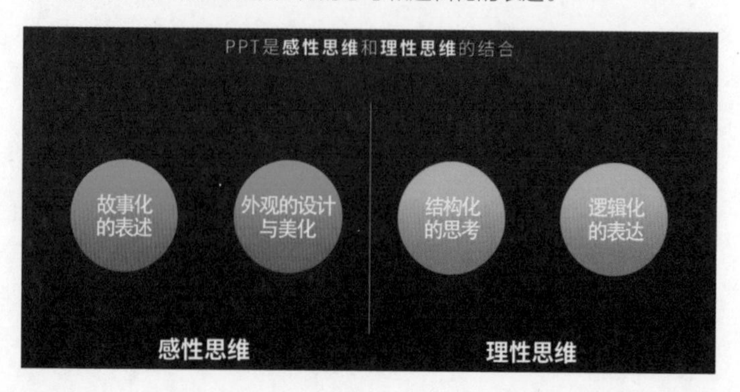

为什么要将 PPT 分为演示型和阅读型呢？下面具体说明原因。

- 观众心态不同：观众在闲暇时看某个新品发布会与在商务场合听工作汇报时的心态是不一样的，前者处于被动接受状态，如同听故事；后者则处于主动研判的状态，需要了解详细内容，随时准备做笔记或提问。

- 适用场合不同：在对外宣讲的时候，需要激发观众的兴趣，点燃观众的热情，获取观众的认同；而在业内分享的时候，由于所分享内容的专业性比较强，往往需要介绍各种技术和参数，用数据来说明实际问题。

- 使用方式不同：在大屏幕上投影的 PPT，注重视觉冲击效果，在屏幕上显示的只是起提词作用的信息；而需要打印出来供大家阅读的 PPT，必须包含所有的信息。如下图所示，对于演示型的 PPT 页面，演示者可以配合“1 个产品，更多功能，降低 30% 的成本，应用到 20 多个系统中”这样的语句来解释。但如果把这页 PPT 打印出来，读者没有办法猜出 1、30% 和“20+”分别表示什么内容。

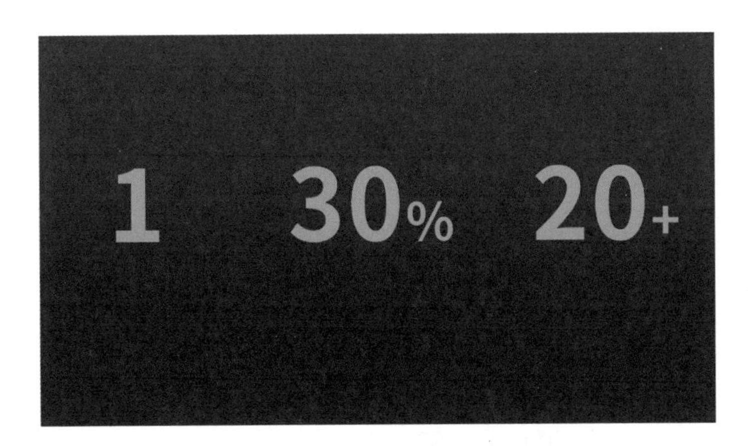

总的来说，演示型 PPT 和阅读型 PPT 就是感性思维和理性思维的拉锯，也是形式和内容之间的拉锯，两者最终在用户的选择之下达到平衡。演示型 PPT 图多字少，经常用于观点传递、产品推广等场合；而阅读型 PPT 图少字多，经常用于工作汇报、学术交流等场合。

提示

在制作 PPT 之前，首先要有一个定位，是偏向于演示型还是偏向于阅读型。如果要做一份演示型 PPT，那么首先要做的就是从逻辑上提取出关键词句，然后通过设计来加强页面的视觉冲击力。如果要做一份阅读型 PPT，那就要注重对逻辑框架的梳理，关注页面的美观性、整齐度和易读性。

1.5 让 PPT 为视觉冲击打助攻

演示能否获得大多数观众的认可，不仅仅取决于演示者准备的论据是否充分，很大程度上还取决于观众对其的印象。在正式的商务场合，人们都会穿正装以表达对会面的重视，这是对商务伙伴的一种尊重。同样，让 PPT 看起来更赏心悦目，是对观众的一种尊重。

如果一页 PPT 像下图这样直接套用 PowerPoint 软件自带的模板，显然很难给观众留下好的印象。

近期工作

公司官网是公司与外界对话的一个重要窗口，由于网站服务器到期，官网现处于瘫痪状态，改版官网、丰富网站内容是市场部应当尽快解决的事情。

随着公司新产品的推出与行业的发展，公司现有的宣传册和单页已经无法满足宣传的需要和大众审美，因此公司宣传册和单页也需要重新编排。

参加展会是公司每年的一大工作重点，对于展台搭建、前期宣传，市场部要全力以赴、认真对待。

对文字进行提炼和梳理后，工作重点一目了然，如下图所示。经过视觉优化的 PPT，给人留下的印象就会更深刻。

改版官网

作为与外界对话的重要窗口，由于网站服务器到期，官网现在处于瘫痪状态，改版官网、丰富网站内容是市场部应当尽快解决的事情。

重编宣传册

随着公司新产品的推出与行业的发展，公司现有的宣传册已经无法满足宣传的需要和大众审美，因此公司也需要重新编排宣传册。

参展筹备

参加展会是公司每年的一大工作重点，对于展台搭建、前期宣传，市场部要全力以赴、认真对待。

此外，PPT 页面作为一种视觉信息的载体，可以帮助演示者营造气氛。下图是一页应用于科技产品发布场合的 PPT，当它被巨大的 LED 显示屏投放出来时，显然缺少一些视觉冲击力。

如果在该页面上应用一些设计手法，就能够大大提升它的质感，使它更契合发布氛围，如下图所示。

提示

PPT 的设计是否重要，取决于应用它的场合。如果应用它的场合非常重要，那么 PPT 的设计也很重要。认真设计的 PPT 不仅能体现尊重和诚意，还能为演示增色不少。

1.6 让 PPT 为信息传递做辅助

PPT 作为一种辅助演示的工具，必须能有效地辅助讲解，如果它不能在一场演示中起到该作用，那么它的存在就没有意义了。尽管本书会详细讲解设计 PPT 的原理和技巧，但是各种设计技巧的根本目的都是让 PPT 更好地完成辅助任务——帮助观众更好、更快地了解演示者所要传递的信息。

PPT 辅助信息传递的手法具体有以下 3 点。

- 版式划分明确，在逻辑上更有层次。
- 使用图表、图形说明问题，更加直观、易懂。
- 运用图片、视频等素材，能够加速理解过程。

使用 PPT，不提倡把文本文档完全复制到 PPT 中，并一字不漏地宣读。在某些特定的场合，如果大量的文字是不可避免的，就要对有大量文字的 PPT 进行逻辑梳理和版式设计，以使其变得更加易读。

图表和图形化的表达思维是用 PPT 传达信息的关键思维。在右图所示的例子中，前一页 PPT 由纯文字构成，缺乏吸引力；后一页则是在图形中包含信息，显得很直观。

在人体中，水的比重约达70%，大脑组织中水的比重也约达80%，而血液里的水的比重则大致达90%，就连骨骼里也有大约15%的水。

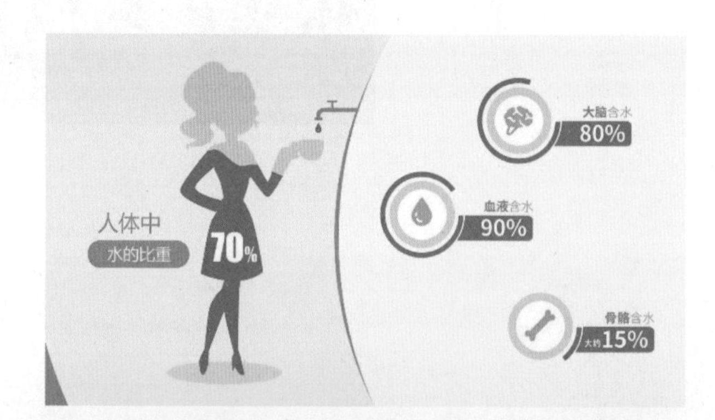

插入图片等素材也是辅助信息传递的一种重要方式。例如右边这页介绍月食的 PPT，在文字中插入了一张月食的图片，这就会比单纯的语言描述更具象，演示者也可以配合图片进行讲解。

第 2 章

让 PPT 更有逻辑

本章导读

PPT 的实质是传递内容，因此，用什么样的方式将内容整合起来就显得非常重要。有时候我们看到一些演示，内容非常丰富，每个观点也很有意义，但就是抓不住观众的注意力，很大程度上是因为演示者没有理出一个明确的思路。

明确的思路，就像一张藏宝图，演示者沿着图上的路线走，才能够带领观众一步一步发掘出宝藏。对于不同的目的，演示有着不同的逻辑，比如方案汇报和分享演讲就不一样。但是，人类有着一些共同的基础逻辑。本章将从基础逻辑出发，逐步梳理出结构清晰的 PPT 演示逻辑。

2.1 理出一条明确的线索

通常情况下，我们做一份 PPT 的过程是这样的。

第 1 步：选择一个主题。
第 2 步：理出一条线索。
第 3 步：将逻辑拆分到每个页面上。
第 4 步：选择表达方式，完成 PPT 设计。

制作 PPT 是把想要表达的想法通过拆分，以分页设计的方式展现出来的过程。因此，在一场演示中，明确的逻辑比设计手法更重要。在很多情况下，我们认为一场演示不够好，是因为演示者的表达和观众的理解之间存在错位。

散乱的观点可能让观众产生误解，甚至完全不了解演示者想表达的意思。就像下面这页 PPT，你能很快记清楚有哪些数字和字母吗？

5 r i 9 n
2 o 4 m g 1
6 5 3 n 8 7

人脑会自动对同时出现的事物进行归纳，以寻找其中的共性和意义。有逻辑的观点排列更容易被理解和记忆；而如果整个 PPT 都没有逻辑关系，观众就会难以理解。再来看下面这页 PPT，是不是一下就记住了呢？

m o r n i n g
1 2 3 4 5
5 6 7 8 9

看看右边这几个图形，你能发现什么规律?

大多数人会认为它们是括号的重复。

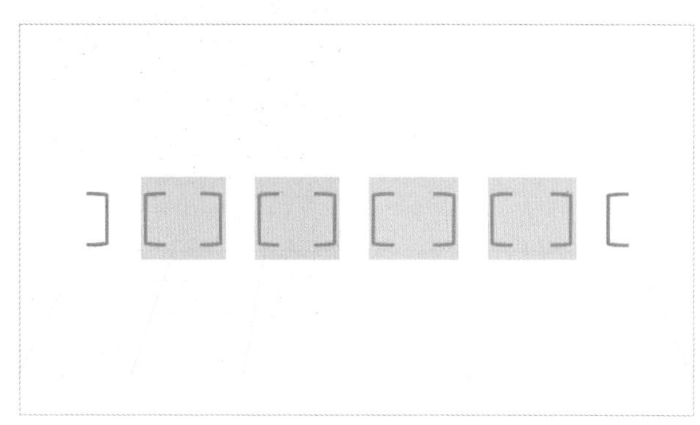

而不会认为这些图形是右图所示的形状的重复，尽管这种划分方式更加合理，能涵盖页面中的所有元素。

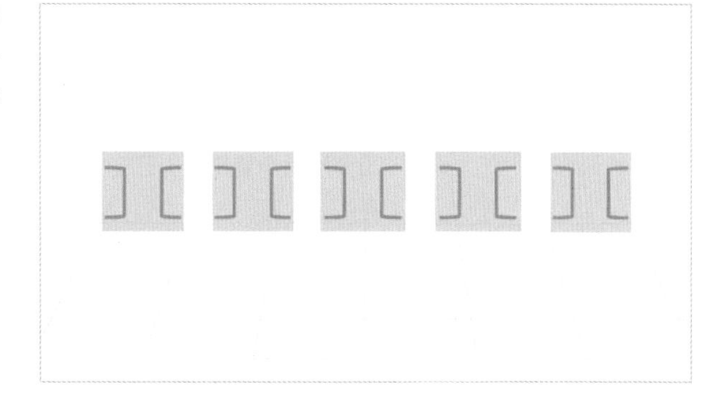

提示

我们想表达的与观众理解到的，往往是不一致的。制作 PPT 时，我们要尽量避免出现表达和理解错位的问题。因此，在做 PPT 之前，思考清楚演示的框架是必不可少的准备工作。谋定而后动，可以提升演示的系统性。此外，所有的设计工作都是建立在逻辑框架的基础上的。一旦逻辑修改，其他设计必然随之改变。

2.2 人类的 4 种基础逻辑

逻辑框架是由多个符合一定逻辑关系的要点所组成的，这种关系必须是简单的、普遍的和基础的。人类的基础逻辑关系通常分为 4 种，分别是时间关系、从总到分、从分到总和重要程度分类。

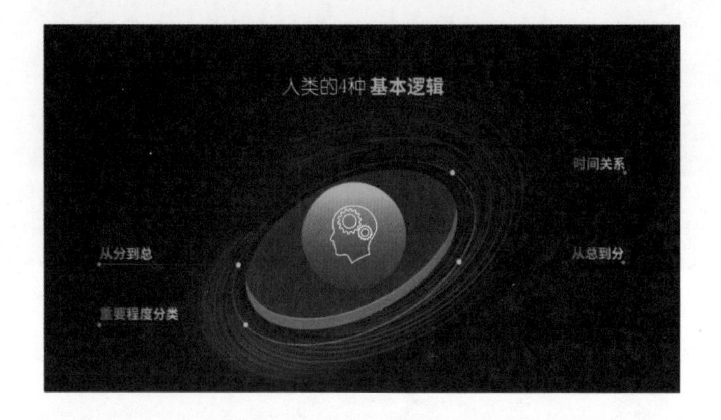

2.2.1 时间关系

把事件按照时间的先后顺序排列，即形成时间关系。例如，解决某个问题需要采取的几个步骤、某种事物的演变过程等。因果关系也是时间关系的一种，先有因后有果，这里面就包含了事件发生的前后时间关系。在 PPT 中阐述某个方案时，尤其需要解释清楚因果关系。

某厂商在生产手机前需要对屏幕的尺寸进行确定，拟主推的手机为大屏幕版本。

而面对这一主推方案，也许观众们会有以下问题。

- 为什么要生产大屏幕手机？因为大屏幕手机好卖。
- 为什么大屏幕手机好卖？因为消费者喜欢大屏幕。
- 为什么消费者喜欢大屏幕？因为越来越多的消费者喜欢用手机玩游戏、看电影和拍照片。

这种刨根问底式的发问，内含一条明确的逻辑线。

我在规划单位工作时，曾参与撰写过不少研究咨询报告。撰写咨询报告的目标是针对某个实际存在的问题，提出解决方案。咨询报告的整体框架往往就是一个完整的因果关系链条，这个链条需要串起项目背景、现状分析、问题分析、趋势评估、解决方案、建设计划等内容，整体可以描述为：因为存在某种历史背景，引起了某些不合理的现状，进而造成了这些亟待解决的问题，它们可能发展到某种程度，所以需要采取某些措施，提前部署、分步解决。前一项是后一项的因，后一项是前一项的果，每一步都是环环相扣的。

2.2.2 从总到分

从总到分既可以是实物性的，也可以是概念性的。实物性的，即从整体到部分，例如介绍一辆汽车的构造，从汽车这一整体开始，一步步讲解组成汽车的零件。概念性的，即从一般到个别，从抽象到具体。

演绎和归纳是逻辑思维的两种方式，其中演绎就是从一般到个别。演绎的主要形式是“三段论”，由大前提、小前提和结论组成。我们通过以下例子来了解。

大前提（一般性）：所有人都会死。
小前提：苏格拉底是人。
结论（个别性）：苏格拉底会死。

在我们日常的工作和生活中，演绎推理模式随处可见。例如，年底绩效分为 3 档，分别为优秀、一般和不及格。

大前提（一般性）：绩效评分大于 3.5 即为表现优秀。

小前提：小张的绩效评分为 3.75。

结论（个别性）：小张表现优秀。

演绎与因果的区别在于，因果存在时间顺序关系，因为 A 发生了，所以 B 发生了；而演绎的逻辑则是，因为 A 是真的，B 属于 A 的一部分，所以 B 也是真的。

提示

在一般的 PPT 演示中，我们当然不会明确讲出如此简单的数据和显而易见的事实。但演绎逻辑在演示中十分常见，只是它被巧妙地隐藏了起来。

2.2.3 从分到总

从分到总同样可以是实物性的，也可以是概念性的。实物性的，即从部分到整体，例如汽车各个部件装配齐全，才能成为一辆汽车。概念性的，即从个别到一般，从具体到抽象。汇总已知信息后推导出一个结论，是我们常用的归纳手段。工作梳理、项目总结等都常用到这个思维。

经过良好的归纳，散乱的信息可以变得紧凑、有条理。为了归纳出结论，每一组观点都应该有相同的某些特质。我们利用以下例子来理解。

第 1 季度销售额为 434 万元，第 2 季度销售额为 563 万元，第 3 季度销售额为 621 万元，第 4 季度销售额为 632 万元。

通过以上这句话，我们可以推断出：季度销售额持续上升。

再如右图所示的例子，某公司的业务涵盖了采购、运输、储备和销售，那我们可以归纳出该公司在贸易方面已经具备全过程控制能力的结论。

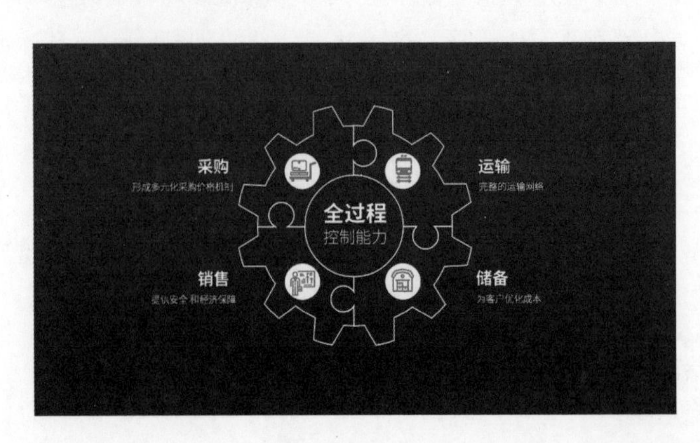

归纳得出的信息是相对精练的，因此我们推荐演示者在做 PPT 时，多使用归纳逻辑。用简短的语句表达每一页或每一段内容的中心思想更容易被观众理解，也会让演示更有力量。

2.2.4　重要程度分类

在并列的多个元素中，哪一个重要，哪一个不重要，是一个比较主观的判断。

在一场主旨为提升团队凝聚力的报告中，演示者提出了 3 个措施，分别是加强沟通交流、完善制度措施和强化激励机制。在讲解这 3 个要点时，应有前后顺序，也就是我们通常用到的“首先”“其次”“再次”。这样的连接词很多时候可以用来表现重要程度的差异。

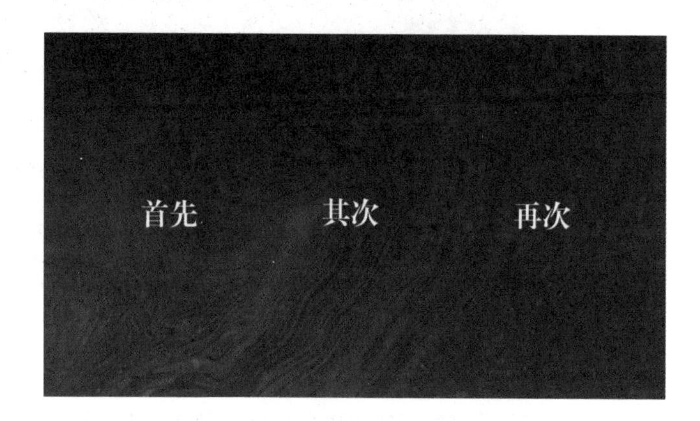

在不同的环境中，相同的措施会有重要性的差异。如果员工对所获报酬有怨言，强化激励机制对提升团队凝聚力更有效；如果员工抱怨分工不明确，工作量差异太大，也许完善制度的措施就更加重要。

针对不同的个体，相同的事物的重要性也会有差异。大千世界，纷繁复杂，最难以琢磨的就是人的心理：有人认为重要的，有人弃如敝屣；有人嗤之以鼻的，有人视为宝贝。所有事情在我们心中都有：“首先、其次、再次”的差异。要传达自己的想法，“首先、其次、再次”的重要程度分类就显得很重要。

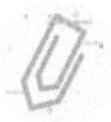

提示

PPT 演示是分页展示的，屏幕上一次只显示一页幻灯片，一页幻灯片里只有整场演示的部分内容。因此，演示者必须对演示的顺序进行规划。重点内容重点讲解，先声夺人或厚积薄发都是不错的策略，关键是要结构清晰、重点突出，在观众心中留下深刻印象。

2.3 让演示结构紧凑起来

上一节叙述了人类的 4 种基础逻辑：时间关系、从总到分、从分到总和重要程度分类。把这 4 种基础逻辑选择性地组合起来，就形成了逻辑框架。

例如，将多层次的从总到分逻辑嵌套起来，就形成了常见的逻辑树。

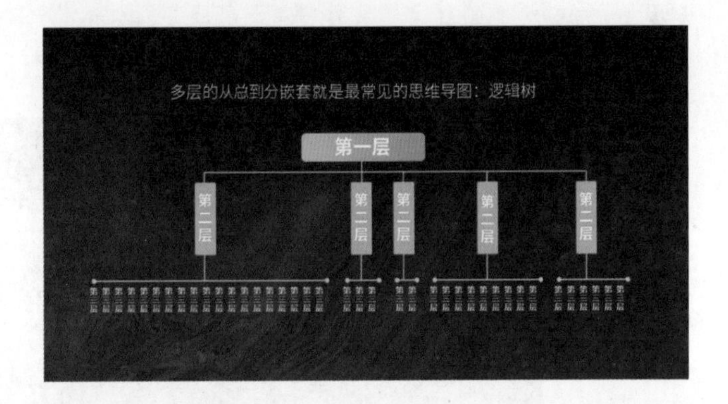

例如，针对下一年度的营销推广，我们提出了如下 11 个策略。

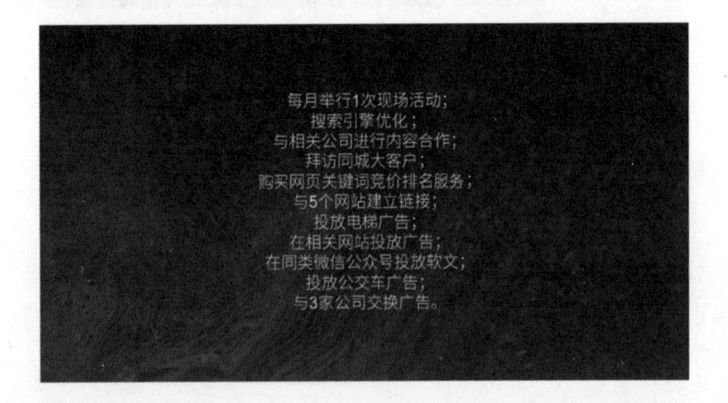

把这些要点像上图那样罗列在一起比较杂乱，也不易理解和记忆。因此需要对它们进行逻辑整理 11 个渠道可以整合为 3 个方面，分别是网络信息发布、资源合作和线下推广。

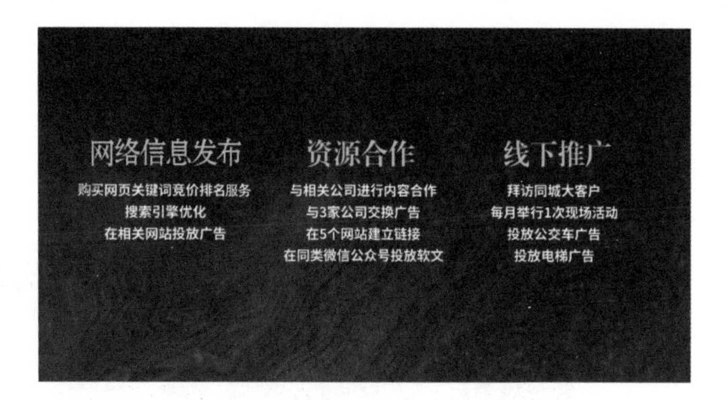

这样一来，框架就清晰多了。先把这 3 个方面体现在 PPT 的设计上——网络信息发布、资源合作和线下推广，再在每个方面下面加上具体的措施。

2.4　PPT 常用逻辑

大脑乐于接受精心整理过的信息，就像胃乐于接受顺滑的食物一样。有条理地表达信息，能使信息更容易被接受。整理能力绝非天生，而是可以学习和总结的。

2.4.1　方案汇报类 PPT 的常用逻辑

针对不同目标，不同的行业早已形成了一些约定俗成的逻辑框架，这些框架就是“公式”。就像前文中所叙述的，咨询行业中所运用的“项目背景、现状分析、问题分析、趋势评估、解决方案、建设计划”框架就是一种常用的公式。在这样的框架中工作，我们可以省时、省力，也不容易出错。

一方面，利用已有的框架可以节约时间，因为经过长期验证的框架一般都比较完整。另一方面，常用的逻辑框架也容易在演示者和观众之间建立起沟通的桥梁，帮助观众第一时间理解演示者的意图。而不常用的逻辑框架，需要演示者花更多时间去传达信息，也需要观众花更多时间去理解，沟通成本比较高。

国内外很多关于系统性思维的图书都将下图所示的框架作为主要内容。虽然它们的侧重点不同，名字也各不相同，但是不管是叫 SCQA 模型或结构化表达，还是金字塔结构，其本质就是背景、问题、对策和结果。

以 SCQA 模型为例，S 表示情景（Situation），也就是背景；C 表示复杂性（Complication），可理解为冲突；Q 表示问题（Question）；A 表示回答（Answer）。

有一场汇报，需要说明为什么公司的策略要进行调整，可以这样来组织汇报结构。

- 先讲情景：未来的经济形势没有想象中乐观。
- 再讲冲突：现在很多部门的工作盲目。
- 引出问题：怎样做好过苦日子的准备？
- 给出回答：每个部门都要将“多产粮食”列入考核目标。

SCQA 模型注重对问题的渲染，以强化方案的针对性及合理性。

不过，背景、问题、对策和结果的侧重是可以变化的。在大多数方案汇报中，“对策”是更重要的一部分，我们可以对它进行细分和延伸。“对策”是观众最想听的原创内容，也是凝聚工作量最多的部分。因此，方案汇报的结构可以在 SCQA 模型的基础上做策略性的调整，弱化“背景”和“问题”，强化“对策”部分。

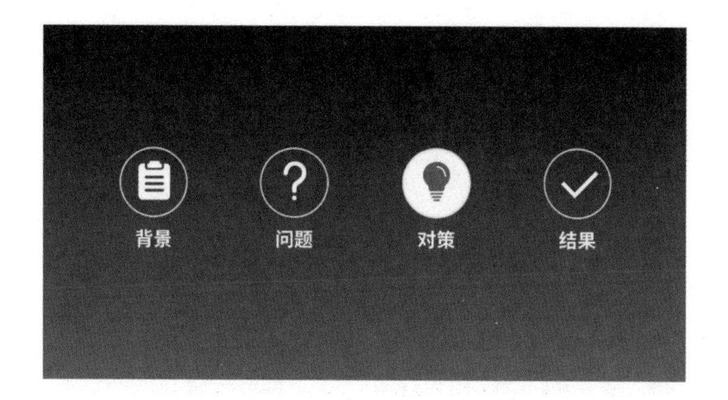

商业计划书就非常重视对策部分。某公司提出了关于某个问题的创新性解决方案，为了详细介绍其亮点，将“对策”按总分关系，划分为多个板块，以说清楚技术创新、营销策略且强调团队，该公司可以这样来组织 PPT 的结构。

- 竞品分析。
- 现状痛点分析。
- 解决方案或产品。
- 产品或技术介绍。
- 核心商业模式。
- 市场营销策略。
- 项目运营策略。
- 团队核心优势。
- 融资需求。
- 结论和展望。

尽管 PPT 内容多达 10 点，但背景、问题、对策和结果的框架没有变化，可以把每一点分别归入如下图所示的相应的部分。

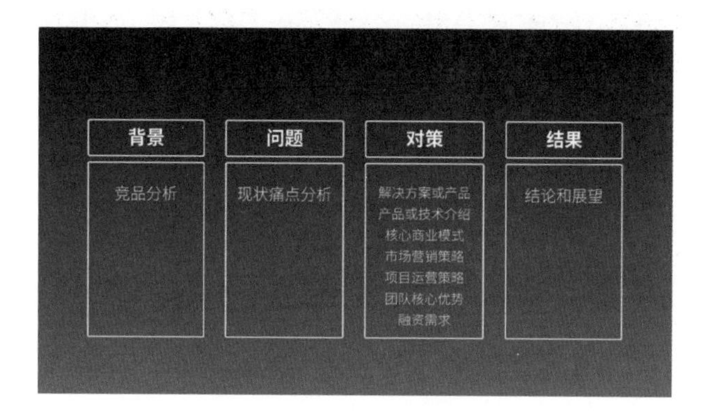

还有一种方案汇报类型，需要我们展示多种措施，分析每种措施的可行性，进行客观陈述，以供参会领导决策。这时不仅要介绍我们做了什么、怎么做的，还要呈现每种做法对应的成本和风险，以便参会领导判断和决策，也就是除了“对策”之外，还要强调对应的“结果”。

这种情况下，PPT 的结构可以是这样的。

- 方案背景。
- 问题及原因。
- 解决方案。
- 预期效果。
- 可能的风险。
- 需领导决策事项。

虽然有 6 点，但后 3 点其实都是在论述可能发生的结果，因此仍然可以把它们纳入如下图所示的框架。

提示

根据演示的侧重点的变化，背景、问题、对策和结果是可以调换顺序的，也可以将某个部分深化、细化。但只有这 4 个部分都提到了，才能称该方案汇报框架是完整的。

2.4.2　观点传递类 PPT 的常用逻辑

观点传递类 PPT 和方案汇报类 PPT 有较大的区别。演示观点传递类 PPT 时，你的观众往往是第一次听你演讲，你并不需要把自己的工作和思考过程事无巨细地展示给观众，你要传递的是独特的观点。

想一下，当听到一个不太熟悉的观点时，你是怎么想的？

当我听到一个不太熟悉的观点，我的第一反应是“你凭什么这么说？”

如果对方给出了理由，我会想“你这只是理论上的说法，不一定有效。”如果对方再给出一些例子佐证，我就有较大的可能会接受他的观点。

观点、理由和案例，这个表达顺序很符合我们的思维模式，它们也正是一个有说服力的演示的重要组成部分。PREP 模型就是将这 3 点整合为总分总的形式而形成的，在各种表达观点的场合都能使用。

P 代表 Point，即观点。
R 代表 Reason，即理由。
E 代表 Example，即案例。
最后一个 P 同样是 Point，再次强调观点。

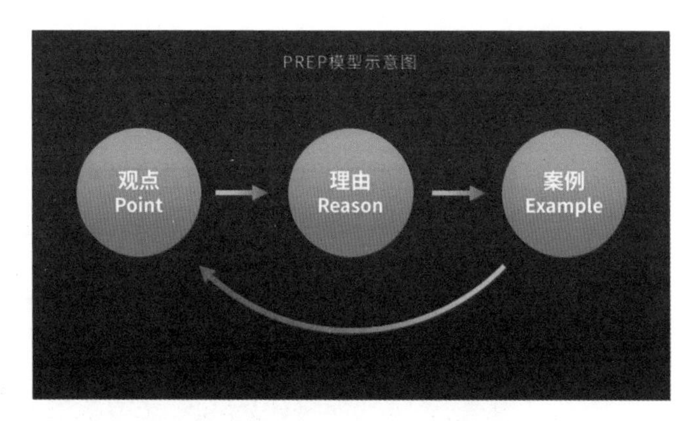

PREP 模型是一种开门见山的表达模式，一开头就亮出观点。当然，演示者也可以通过其他方式引出自己的观点，例如讲故事、提问题或列数据等。

提出核心观点之后，应摆出一段话的理论解释或一个巧妙的比喻，理论解释不要太复杂，应该有针对性。然后接上几个案例，作为论据的主要组成部分，以支撑观点。最后需要有一个“压得住”的结尾，再次阐述核心观点。

举个例子，如果要做一场关于性格解说的演示。

观点是“内向不是一种缺陷”。

为了让观点更可信，给出的理由是“内向还是外向，是与神经过程的兴奋和抑制相关联的，很大程度上是由基因决定的。每种性格都有各自的优缺点，内向者也有一些优良品质。”

观点需要有案例佐证，比如“内向者保持注意力的时间比较长，不易受社交活动干扰。爱因斯坦、沃伦 · 巴菲特、斯皮尔伯格、村上春树等人，据说都是内向的人。在成功的道路上。内向的人不失耀眼光芒。”

再次阐述观点，“大量的研究已证实，内向者不一定比外向者差。”

2.5 一页一个主题

清晰的思想会带来清晰的表达，糊涂的思想会带来连篇废话。保持简单明了非常难得，我们在开口的时候，应该有一个明确的主题。体现在 PPT 制作中，这也许是最优先的原则：一页一个主题。

PPT 最大的优势在于它可以分页进行演示、逐点讲解信息。

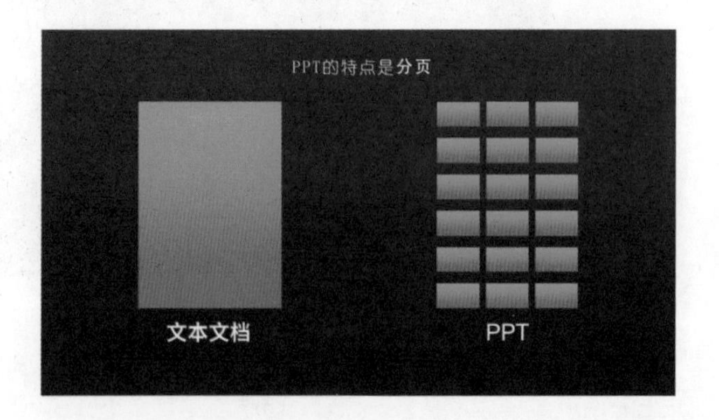

我们很少看到只有一页的 PPT。一场演示的 PPT 一般都由多页构成，从结构上讲，一般有封面、目录、过渡页、详情页、封底等。从内容上讲，一般会分为若干章（节），每一章（节）又包含很多页 PPT。

分页是 PPT 的基本特点，它帮助我们将信息拆分成若干块，更符合演示场合的需求。观众一次只能接受有限的信息。信息太多，观众都去读文字，就没人听解说了。此外，我们在演示 PPT 的时候基本都是线性的，即顺着页码介绍，很少返回，这就要求每一页都要介绍清楚，因为演示者没有第 2 次机会。

所以为了降低观众的理解门槛，让观众能够有的放矢地接收信息，在获取主题之后将注意力转回到演示者的身上，每一页应该只有一个主题。

2.5.1　一个关键词

神经学家的研究表明，任何演讲超过 10 分钟，观众都会感到疲劳。无论这场演讲多么精彩，大约 10 分钟之后，观众就会开始开小差；如果觉得演讲有趣，才会慢慢又关注起来。演示也是如此。一场好的演示应该是有节奏感的，有显眼的关键词句，以便随时把观众拉回正轨。

照着大段文字逐字阅读，这是大多数演示者使用 PPT 时容易陷入的误区。

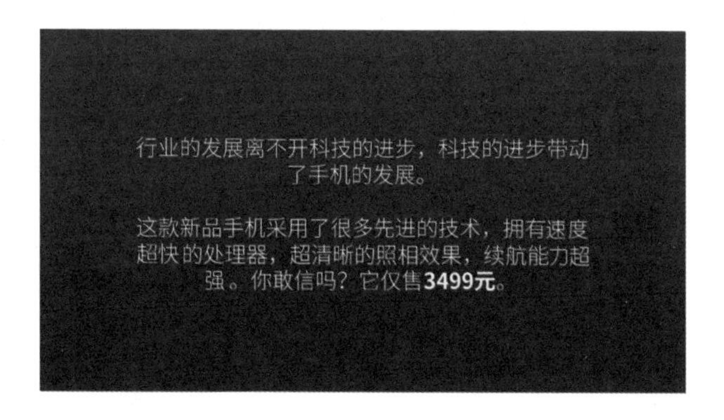

尽管发布会上展示 PPT 的屏幕非常大，页面空间也很多，但大多数发布会都选择了类似下图的演示模式——把上图中一大段话的主题浓缩为一句话或一个关键词展示在 PPT 上，其他信息则通过演示者口头传递。

巨大的数字既吸引眼球，又会引发疑问，促使观众将注意力转移到演示者接下来要说的内容上，这些内容可以放在备注里，如下图所示。

提示

PowerPoint 软件的备注栏一般在画布的正下方，放在备注栏中的文字会在执行幻灯片播放任务的计算机上显示，但不会在投影屏上显示。观众从 PPT 上得到的是一个精简的概念，而具体的内容由演示者来描述，这时的 PPT 起到一个很好的辅助演示的作用。

2.5.2 一个简单逻辑

一页只有一个主题，这个主题可以是从属于整体框架的一个简单逻辑。

举个例子，整个演示的整体框架分为 3 个部分，每个部分由 3 个点来支撑。

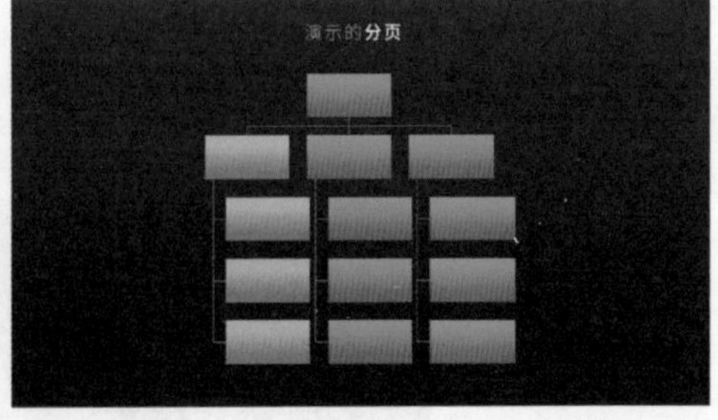

在安排 PPT 的时候，演示的 3 个部分可以分为 3 页，每一页只讲一个部分。

体现在每一页 PPT 中，就是 1 个论点、3 个论据的总分结构，如下页图所示。

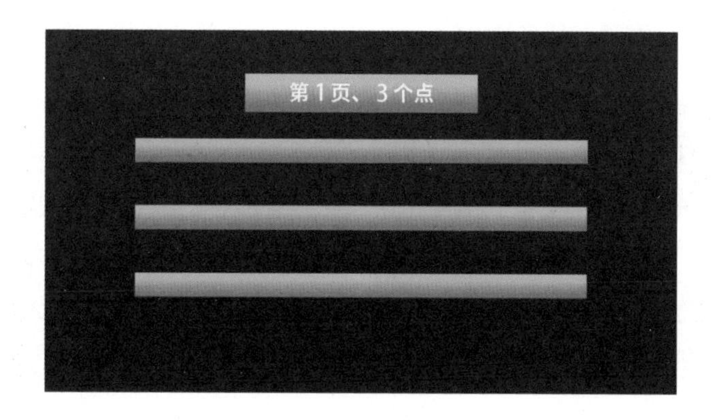

2.5.3　从设计上丰富页面

在文字充满页面的时候，我们似乎不用太多地考虑美观的问题：因为几乎没有可发挥的空间了。但把内容细分到每个页面之后，页面就变得很空了，这时候就需要从设计上丰富页面，让图像、色彩、字体或形状等为我所用。

用图像丰富页面的效果如下图所示。

用色彩丰富页面的效果如下图所示。

用一种更富有表现力的字体丰富页面的效果如下图所示。

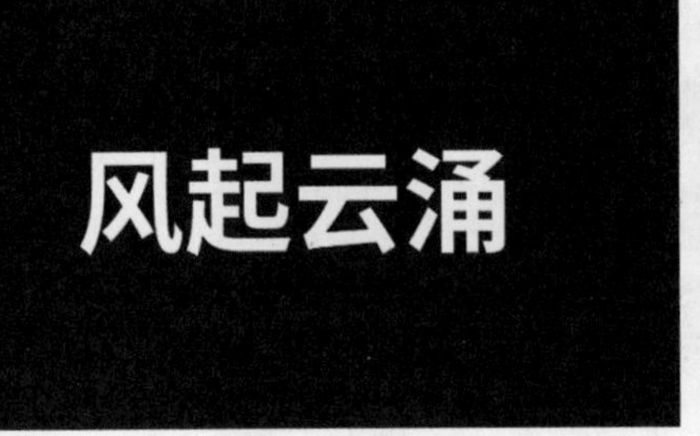

添加各种点缀形状以烘托氛围、丰富页面，效果如下图所示。

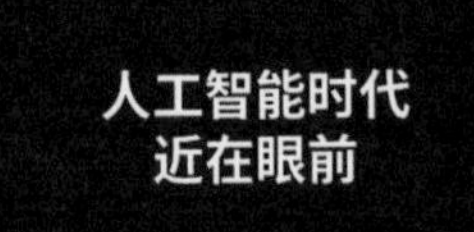

总之，设计手法不仅可以让只有一个词、一句话的 PPT 变得更丰富，还能够烘托气氛、辅助传达信息。

第 3 章 重新认识 PPT

本章导读

PPT 是 PowerPoint 软件的缩写，它是一个帮助用户进行演示的工具；PPT 也是 PowerPoint 演示文稿的缩写。但要做好 PPT，我们必须突破这个认识——PPT 不仅是一个软件工具，更是一个容器，是将文案、图片、视频等多媒体素材融合在一起并进行可视化表达的整合体。PPT 展现的是演示者的观点、逻辑、设计的成果，因此 PPT 本身也是演示者的缩影。

3.1 PPT 设计的本质

设计的门槛看起来很高，甚至需要用到复杂的软件工具，这导致很多人尽管对设计感兴趣，却不相信自己也能够做出优秀的设计。那么，到底什么是设计呢?

平面设计师原研哉如此定义设计：所谓设计，就是通过创造与交流来认识我们生活在其中的世界。从他的诠释中我们不难感受到，设计的重点从来都不在于使用什么技法或应用什么软件，而在于创造。

因此，设计不是只有专业设计师能做的事情，在你准备 PPT 的时候，其实你做的事情就是设计。没有经过设计的作品就像没有被赋予灵魂的肉体，毫无生气；而经过精心设计的作品，能够脱颖而出。

当你在考虑每一页 PPT 应该放什么内容，使用哪种颜色作为背景，选用多大的字号，要不要添加动画的时候，其实你正是在努力创造一个便于高效交流的作品，你就是在做让信息从混乱归于有序的设计工作。

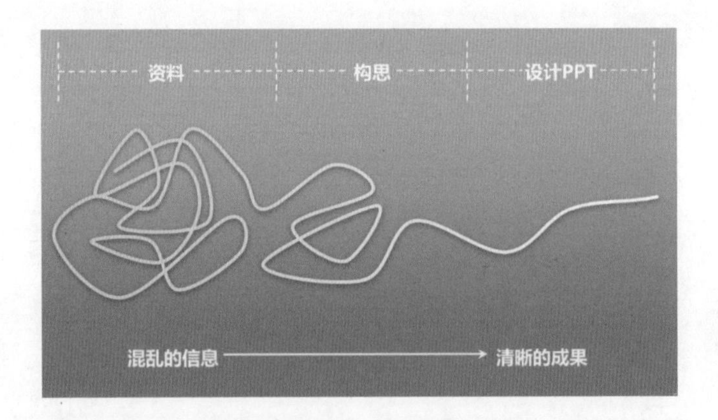

PPT 设计是一种综合能力，包括平面设计能力、逻辑梳理能力、演示策划能力、信息视觉化能力，以及给观者留下深刻印象的讲故事的能力。一份好的 PPT 能够给观众留下不错的第一印象，并且能让观众趋向于做出“PPT 设计得很好，产品和演示者的水平应该也不错”的评价。

一份好的 PPT 是一份综合性的优秀设计作品。

提示

PowerPoint 软件最强大的地方在于其兼容并包的特性，它就是一个可容纳各种设计的容器，文案、图形、艺术字体、音乐和视频都可以装到 PPT 中。

PPT 是一种多媒体演示文稿，之所以叫多媒体，是因为 PPT 往往包含图片、文字和图形，甚至还有动画效果、音乐和视频。而它之所以被称为演示文稿，是因为它将信息解构分类并利用视觉化手段传递给观众，让观众在短时间内理解和消化信息，这是 PPT 最重要的价值。

3.2 PPT 新手容易出现的问题

有时候我们绞尽脑汁花费很多时间做出一份 PPT，却总觉得它看起来有些奇怪，它也许长得像下图这样。

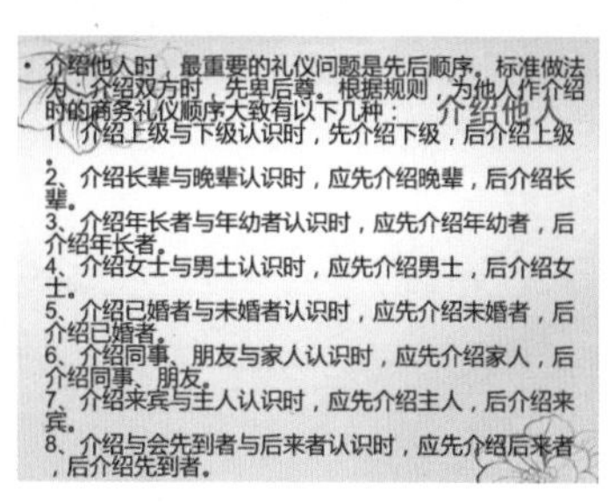

布置多种设计元素就像排兵布阵，设计者就是运筹帷幄的将军。要做好一场演示，需要在战略、战术和战役层面仔细考量。PPT 看起来奇怪的原因，不外乎以下 3 个。

1 缺乏整体规划

这是战略层面的失误。在一开始就扎进与素材和软件的缠斗当中，忘记了制作 PPT 的初心，在重点明晰之前就纠结于形式。为了掩饰战略层面的失误，将 PPT 做得复杂无比，每一页一个花样，应用的字体和颜色以十位数计算，最后的效果反而落于俗套。

要想提升 PPT 的质量，首先要进行整体规划。对 PPT 的整体规划包括内容逻辑的梳理，也包括整体风格的把控。

2 缺乏设计思考

这是战术层面的失误。PPT 最终是以平面形式一页一页地出现在观众面前的，而平面设计是有规律可循的，这些规律起源于人类的逻辑和审美，是经过大量事实检验的成果。为了制作出让人赞叹“看起来‘真高级’”的 PPT，势必要了解这些规律，向优秀的设计学习。

举个例子，苹果公司的发布会不使用 PPT，而是使用 Keynote，后者也是演示文稿制作软件，实现的效果如下图所示。乔布斯的演示可谓开了先河，其演示风格直到现在仍被演示者们模仿。看起来很简洁的页面里，其实蕴含了设计者的积累、偏好和无数次的改动。

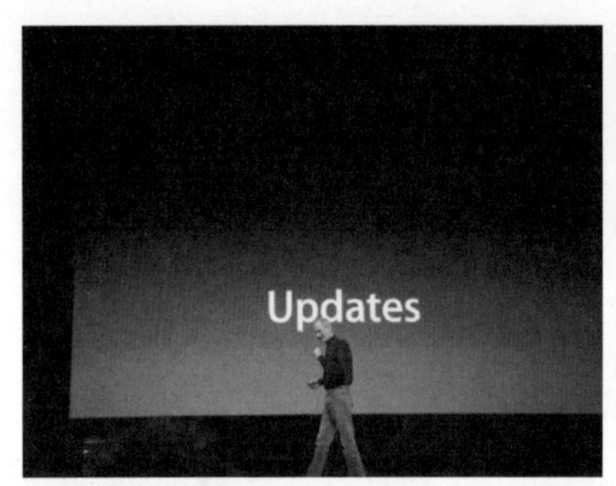

3 不了解软件功能

这是战役层面的指挥失误。在制作 PPT 时，充分了解软件能够实现哪些效果可以让设计者胸有成竹，并且设计者应根据主题和汇报对象的不同，挑选不同的设计风格。对于 PPT 无法实现的效果，可以用其他的工具来补充。

例如下面这两张图片，如果熟悉软件功能就会知道左边那张图可以在 PowerPoint 软件中通过形状的布尔运算制作出来，而右边那张图中的立体的手和书的效果则需要借助其他软件才能实现。

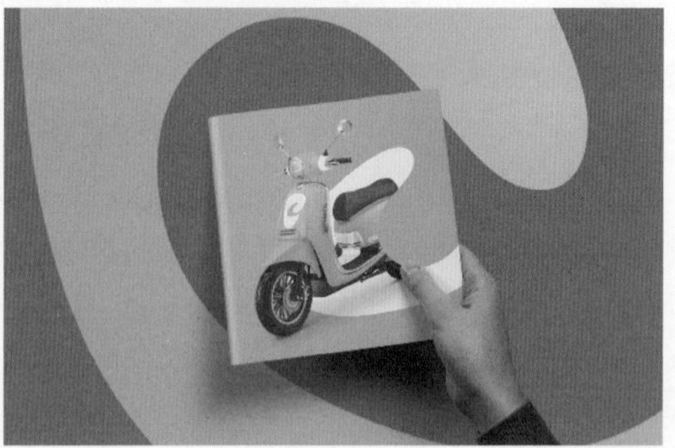

3.2.1　没有重点

看下图，你希望自己的 PPT 像左边那样紧凑，还是像右边那样臃肿呢？

刚开始接触设计时，新手总有这样的冲动：将手上的所有素材都放到设计稿里去。他们总是害怕页面太空洞，不够饱满；却一不小心就走入了误区，把各种素材和文字堆砌到一个页面里面，页面看起来信息很丰富，但阅读起来十分不易，反而降低了信息的传递效率。这就像一个本来身材匀称的人，因为吃得太多而变成了一个胖子。

处处都是重点，就是没有重点。右边两页 PPT 的内容基本相同，但表现方式有所区别，观众喜欢阅读第 1 页 PPT 还是第 2 页 PPT 呢？我相信大多数人都会比较喜欢第 2 页 PPT。第 2 页 PPT 明确的层级关系和重点让阅读变得相对轻松，小标题也起到了导航的作用，希望了解某个特定信息的人不需要将整段文字都阅读完，只需要根据标题找到感兴趣的点就可以了。

3.2.2 风格不统一

如果对如何打造统一的设计风格没有明晰的概念，就容易导致页面元素之间相互“抢戏”。例如下图中的页面将欧式花纹、3D 小人和中国风元素放在一起，感觉不太搭调。

对同一个素材，探索其多样化的使用方法是很好的，但设计感的营造并不在于素材的堆砌。敢于舍弃某些不合适的素材，反而能够让设计变得更加精致。

使用的设计素材越多，搭配的时候“跳戏”的可能性就越高。事实上，当下很多优秀的设计都以简洁作为指导思想。

3.2.3 滥用艺术字体

文字是一种很特殊的东西，是语言的书面呈现形式，其本身也作为一种图像存在。经历数千年的发展变迁，文字的含义和表达方式越发丰富，怎样用最合适的字体去展示甚至丰富字义是很多设计师的主攻方向；字体设计作为平面设计的一个重要分支，已被广泛应用于各种创作。

初见时，艺术字体让人惊奇，通过简单的操作就能制作出酷炫的效果。但艺术字体的使用必须在一定的范围之内，像下图这样滥用艺术字体会给设计带来混乱和不专业之感。

通常，文字的设计层次分为大标题、小标题和正文。为了吸引眼球，对标题进行字体设计是很有必要的；但如果将大段文字作为传递描述性信息的主体，其易读性比设计感更加重要。因此对于大段文字，一般不宜使用过于花哨的字体。

3.2.4 元素未对齐

对齐是创建平衡页面的重要手段。在版式设计理论中，任何元素都不应随意摆放在页面上，相关的元素应当在页面上有某种视觉联系，而对齐就是建立这种精巧、清晰的联系的秘诀。

例如下面这一页 PPT，所有的元素都像是不小心掉在页面上一样，没有明确的视觉联系，让人感觉不舒服，杂乱无章的布局也让人不知道下一眼该看向何处。

ABDCDEGHIJKL
汇报人：黑白间设计工作室
对齐在版面设计中的重要性
(086) *******
江城市南北大道2号

我们在版面中假想出一条线，将所有的元素分类后靠在这条线上，信息就会变得更加易读、更有条理。因为信息都依靠一个共同的边界，我们就能很明确地感受到它们之间有一定的联系。规整的布局明确了文本的逻辑关系，我们知道在标题之后应该继续往下阅读，而不会让视线在页面中飘来飘去。

对齐在版面设计中的重要性
汇报人：黑白间设计工作室
江城市南北大道2号
ABDCDEGHIJKL
(086) *******

多个元素沿着某一边缘对齐，能够加强彼此之间的视觉关系，最终形成一个相互依赖的整体，同时又不至于给人呆板的感觉。

3.2.5 没有对比

对比是元素之间的视觉差异，它能够让观众快速地知道哪些内容是主要的，哪些内容是次要的。所有能够产生差异的参数都可以是对比的来源，如大小、粗细、明暗和色彩等。

如果在平面中没有对比，就很难明确元素之间的远近、大小关系。如右图所示，如果我告诉你，图中右边的山比左边的山高，你大概会觉得莫名其妙吧。

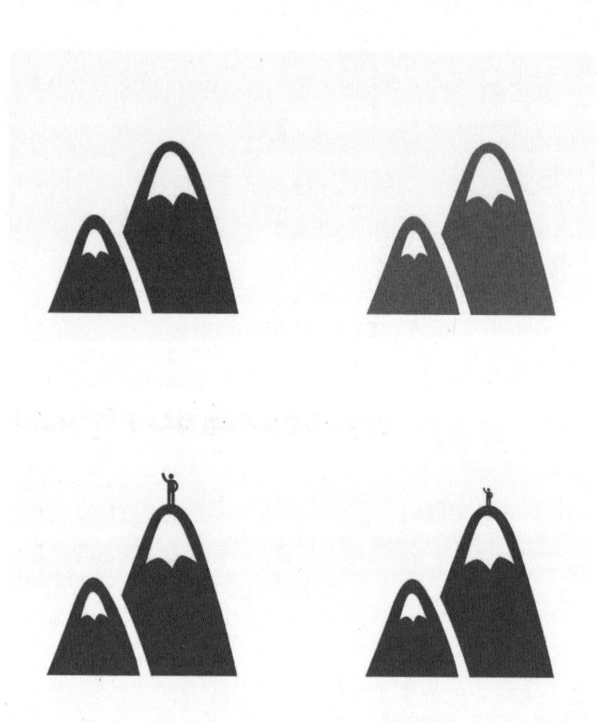

如果同时有两个人登顶了这两座山，再来看呢？

我们会下意识地使用人的高度去推算山的高度，如右图所示，这样就会感觉右边的山比左边的山更高；如果没有人作为参照物，那么两座山的高度在平面上很难区分开。同理，在 PPT 中，所有元素都在平面上完成设计，如果没有对比，元素的重要程度很难区分开。因此，PPT 里应该有大小对比设计，比正文更显眼的，我们会认为它是标题；相较于正文不易发现的，我们会认为它是不重要的信息。如果没有视觉差异，那我们会认为所有元素都是同等重要的。

以下这两页 PPT，你会先被哪一页吸引呢？

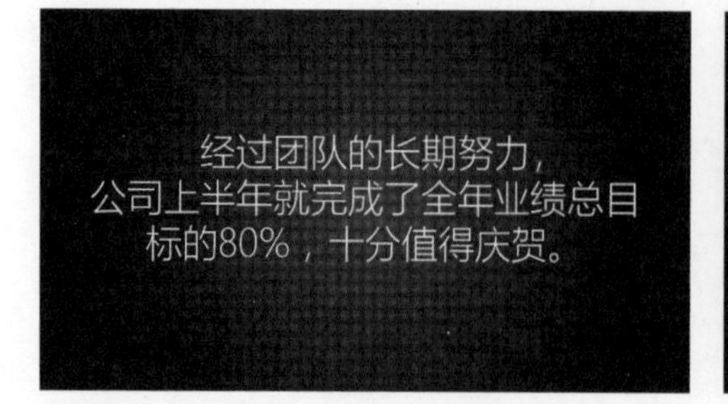

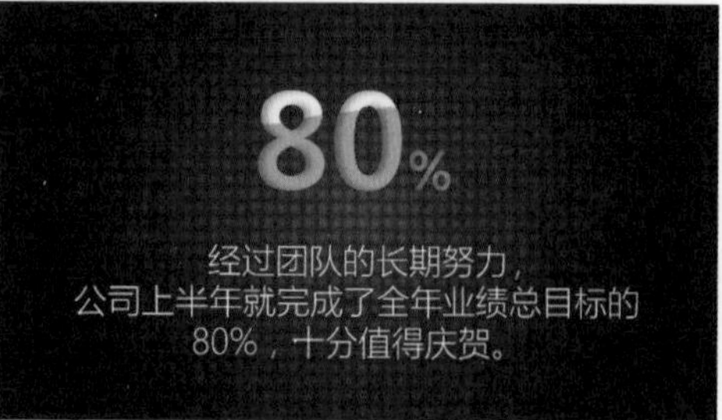

第 2 页中的大号的粗体文字一下就吸引了我的注意力，并且让我快速了解到文档的内容应该是围绕着 80% 来讲述的。到底 80% 是什么意思呢？它很快又引发了我的好奇心。

对比不够明显的文档是让人疑惑的，如果我们将正文的字号设置为 20 号，将标题的字号设置为 22 号，它们之间的差别会让人疑惑：这是两个不同的要素，还是设计者不小心犯的错误？

因此，如果两个元素不同，就让它们彻底不同，以免引起误解。充分的对比能够帮助我们制作出效果更好的 PPT。

3.2.6 图文不匹配

在网络 PPT 模板盛行的今天，为了节省时间，不少人会选择套用模板来制作 PPT。但原有模板中的配图往往和自己的主题有一定的差别，一不小心就可能出现图文不匹配的情况。

在 PPT 中使用城市、大海、高山等图片的情况十分常见，但不经考虑就使用图片可能引人误解。例如下面第 1 页 PPT 的文字是想表明努力工作的干劲儿，但是配图却给人一种“我好想放假”的感觉。

图片的功能不只是充当背景或填充页面，它还背负着信息传递的重要任务。

研究表明，人脑接收图像信息的速度是接收文字信息的速度的 60 000 倍。也就是说当我们浏览一个页面时，图片所传递的信息早已不知不觉进入脑海，文字随后带着信息赶来，如果这时发现文字所携带的信息和图片所传递的信息不同，大脑就可能立刻陷入混乱并给眼前的这份设计贴上“不知所云”的标签。

在上面这个例子中，如果我们将配图换成第 2 页 PPT 上的那张，效果会更好。

3.2.7 字体风格与主题不匹配

文字如同一个有性格的人，字体的衬线、刚柔、大小、轻重和比例一同造就了字体的性格，这种性格应该和 PPT 的主题相匹配。

如果你的 PPT 是刚强的，那么字体也应该刚劲有力；如果你的 PPT 是可爱的，那么字体也应该如此。下图所示为卡通风格的 PPT，左边页面的字体是系统默认的宋体；在右边的页面中，将字体更改为可爱而圆润的字体，这样更加符合 PPT 的整体风格且更有表现力。

再如下面这一页 PPT，其留白很多，颜色清淡，给人的感觉是轻松、愉快和洒脱的，似乎随时都能够驾船驶向远方，因此这样的页面中不宜出现过重的文字。在字体的选择上，适合采用较细的、没有装饰衬线的字体。

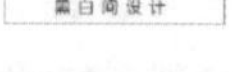

3.2.8 图片像素太低

模糊的图片给人不安感，也很不专业。在演示过程中，如果突然出现一张毛糙的图片，就会让人分神。假如有这样两家瑜伽馆在做广告，街边的屏幕上播放着他们的宣传视频，其中一家的封面如下图所示。

而另外一家的封面是下图这样十分清晰的，你会选择哪一家去报名呢？

相信你的选择和我一样，会去下面这一家。尽管两家的封面版式和配色相同，但是一张不清晰的图毁掉了整个设计的品质。模糊的图片就像服装店失败的装潢，脏乱的地板或俗气的墙纸也许和服装本身并没有多大的关系，但它们已经在不经意间削弱了顾客购物的兴致。

3.2.9 颜色杂乱

PPT 中的颜色并不是越多越好。从 PPT 的构成元素上来看，需要考虑的配色包括：背景色、形状颜色（主色、辅色）、文字颜色（标题颜色、小标题颜色、正文颜色、备注颜色）等。

一般而言，主色、辅色和背景色即可组成一套优秀而实用的配色，这些颜色应该符合基本的配色规则。

看一份设计，第一时间映入眼中的是整体色彩，配色对于设计情绪的传递十分重要。每种色彩都会给人不同的心理感受。比如我们常说的，紫色代表神秘，蓝色代表迷离与空旷，红色代表热情与危险，绿色代表生命，等等。

色彩对心理的影响来自联想，如果你看到下面第 1 张图所示的这样一份宣传页面，会有食欲吗？

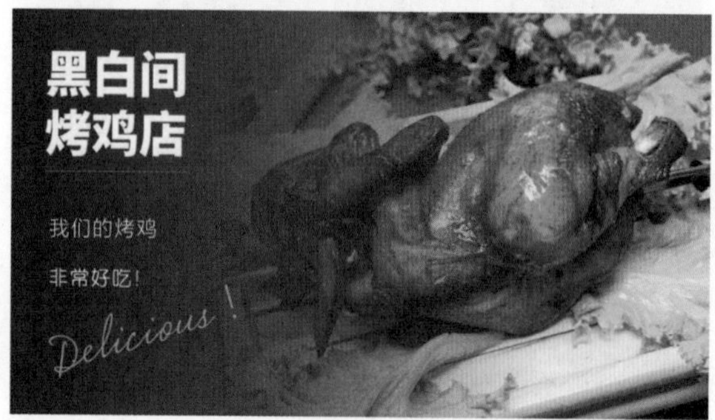

自然界中蓝色的食物很少，正常烤鸡的颜色也不应该是蓝色的，因此它给我的联想是：很奇怪、不好吃。尽管自然中的颜色有无数种，它们都可以运用到 PPT 中，但也需要考虑挑选的颜色会传递给观众怎样的情绪，是否对信息的传递起到了负面作用。

因此，可以根据行业为 PPT 挑选主题色。很多科技公司的 PPT 会使用蓝色，饮食行业则不然。我们将第 1 张图中的颜色还原为正常的颜色，并配上深褐色的色块，让人联想到烤得酥脆的表皮，这只烤鸡看起来就十分可口了。

PowerPoint 软件自带吸管工具，用户能够从图片上直接吸取出颜色，所以我们在看到心仪的配色时，不妨将其吸取保存下来，并尝试运用到自己的 PPT 中。我十分喜欢右边第 1 张图片中的颜色搭配，所以我尝试将其复原到自己的 PPT 中。

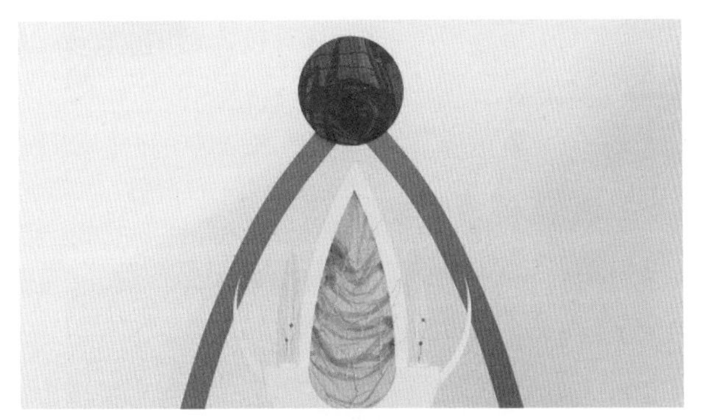

除了单纯吸取颜色之外，还应当分析颜色的运用方法。哪种颜色适宜大面积使用，哪种颜色适宜小范围使用，颜色之间的对比如何。在这张图中，大面积使用了颜色较浅的背景色，橙色和红色作为强暖色抓住眼球；细碎的青色、紫色则画龙点睛、丰富画面。基于以上分析，我练习使用这些颜色做出右边第 2 张图所示的这一页 PPT。

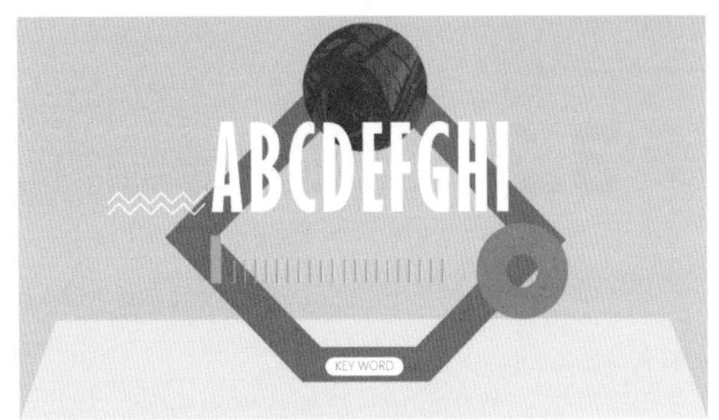

这份配色进入了大脑的储存库中，我知道了使用这几种颜色能够搭配出怎样的效果，但是需要调整为其他色彩的时候怎么办？还得从这几种颜色之间的关系入手。红色和橙色都是欢快的暖色，我们可以默念红橙黄绿蓝靛紫，也可以通过色轮来查找，发现红色和橙色距离很近，而青色是红色的补色。因此，上例是一种分裂补色搭配模式。

知晓色彩的搭配模式后，将主色更换，其他颜色随着主色而发生变化，就得到另一种不同的配色了。将红色和橙色更改为蓝色和青色，对应的补色和背景色随之发生变化，颜色的搭配规则一脉相承，但气质由热情变得坚硬了，如下图所示。

3.2.10 动画太多

动画的添加让 PPT 不只有平面设计的效果。研究表明，运动的物体更能吸引人的注意力。但动画的添加也需要酌情考虑，过于花哨的动画不适合在十分正式的场合使用。试想，在论文答辩的时候，教授看到满屏幕飞舞的雪花，慢慢晕染出的答辩者的名字，会是一种怎样的心情。

3.3 如何开始制作优秀的 PPT

自 1984 年诞生后，TED 每年都会召集众多领域的杰出人物分享他们的思考和探索成果。最近几年 TED 的演示视频在网络上广泛传播，几乎所有的演讲都会配一份 PPT。

我们来看看 TED 大会的创始人克里斯 · 安德森总结的所有优秀演示的共同点。

- 主题明确。想法是复杂的，专注于最让你激动的那个想法，并想办法将其解释清楚。
- 吸引你的听众。在将想法灌输给听众之前，必须要得到他们的允许，激发好奇心是最主要的手段。
- 构筑你的想法。一步一步来，避免使用过于专业的术语，而要利用观众已经了解的概念让他们跟上你的节奏。

● 确定你的想法值得分享。

除了妙语连珠的演讲者，他们身后的那块屏幕上播放的 PPT 或 Keynote 也是优秀演示的贡献者。对照安德森的总结来看，PPT 能够使主题更加突出，通过视觉化的手段引起观众的好奇心，并借助图像解释概念和构建想法。

提示

我们发现，PPT 是逻辑和视觉的综合体。因此，制作一份优秀的演示文稿可以从内容启动和设计启动两方面进行。

3.3.1 PPT 的内容启动

我见过很多人是这样制作 PPT 的：快速打开 PowerPoint 软件和浏览器，循着模糊的思路，将零星几个主题词丢进 PPT 里，然后在浏览器中搜索相关的图片和元素并将它们复制、粘贴到文档里。随后慢慢地增减、移动元素以完善页面。每增加一个关键词，他们就会新建一个页面并找寻相关的素材，随后不断地进行修正和整合，最终得到完整的成果。

这样的操作比较直观、便捷，缺点在于缺乏统筹，容易忽略整个 PPT 的逻辑线，设计风格也可能前后冲突。这里给大家介绍一种 PPT 的内容启动流程，如表 3-1 所示。按照这样的流程，你的 PPT 不会缺乏逻辑，也不会遗漏值得分享的要点。

表 3-1 PPT 的内容启动流程

工作步骤	工作内容
第 1 步　确定主题和风格	根据观众、演讲环境、时间和目的，敲定演示主题和演示风格
第 2 步　头脑风暴	从主题延展，以发散型的思维找出要分享的关键点，并把它记录下来
第 3 步　收集资料	积累原始资料，包括文档、故事、对应风格的设计素材等
第 4 步　搭建框架	梳理头脑风暴和资料收集的结果，搭建演示框架
第 5 步　预留美化空间	分配每一页的内容，一页一个重点，留出打造风格的设计空间

3.3.2 PPT 的设计启动

作为多种设计的交叉点，制作 PPT 有很多方向值得探究。我们可以沿着时间的轨迹学习平面设计，也可以从 PPT 的各个方面出发，进入版式设计、图像处理、字体设计、配色、音频和视频剪辑等领域。除了书籍之外，在网络技术极其发达的今天，高手往往会在网络上留下自己的身影，因此各种设计交流平台也值得我们去看一看。

PPT 的设计，通常都是从模仿开始的。要很好地模仿某种风格，得从整体到局部。

研究表明，人们在瞬间就能完成对一件设计作品的判断，这一时间可以短至 0.5 秒。这听起来很有讽刺意味，因为设计师往往要花费好几个小时、好几天甚至是好几个月才能完成一份作品，但是真正留给作品审查的时间也许只有 0.5 秒。在这 0.5 秒内，设计作品传递给观众的信息必然是整体性的，也许是一个关键词，也许是一种颜色搭配，也许是一个形状组合。无论如何，在众多的设计作品中，你一眼就看中了它，那么它的整体风格一定是对你胃口的。

到底是什么组成了这样的风格呢？接下来就要对整个设计进行拆分。我列出了一份关于平面设计的拆分清单，按照这样的清单分析作品，就能得到构成风格的各个要素，再合理地将其组合起来，就从某种层面上还原了这份设计。这就像将一个闹钟拆散，又重新组合回来一样。

举个例子，下面这一份网页设计的整体风格清爽、简洁，整个设计作品给人一种精致和现代的感觉，我希望模仿它的风格做一份 PPT。

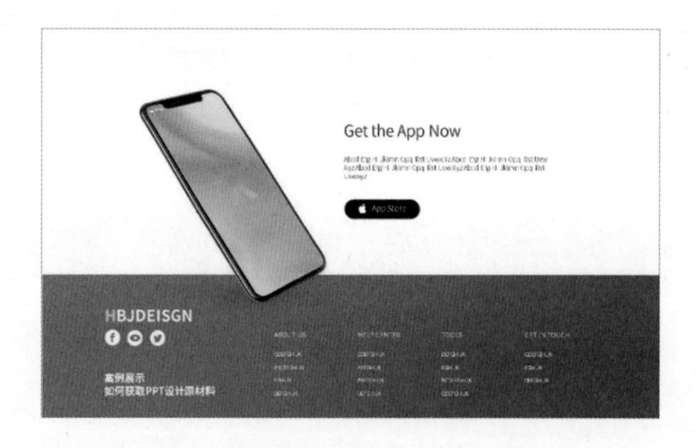

首先对这个网页设计进行拆解，拆解清单中包含了平面设计的多项基本元素。按照清单对设计进行分析和拆解之后，就得到了如表 3-2 所示的 PPT 设计的原材料。

表 3-2 PPT 设计的原材料

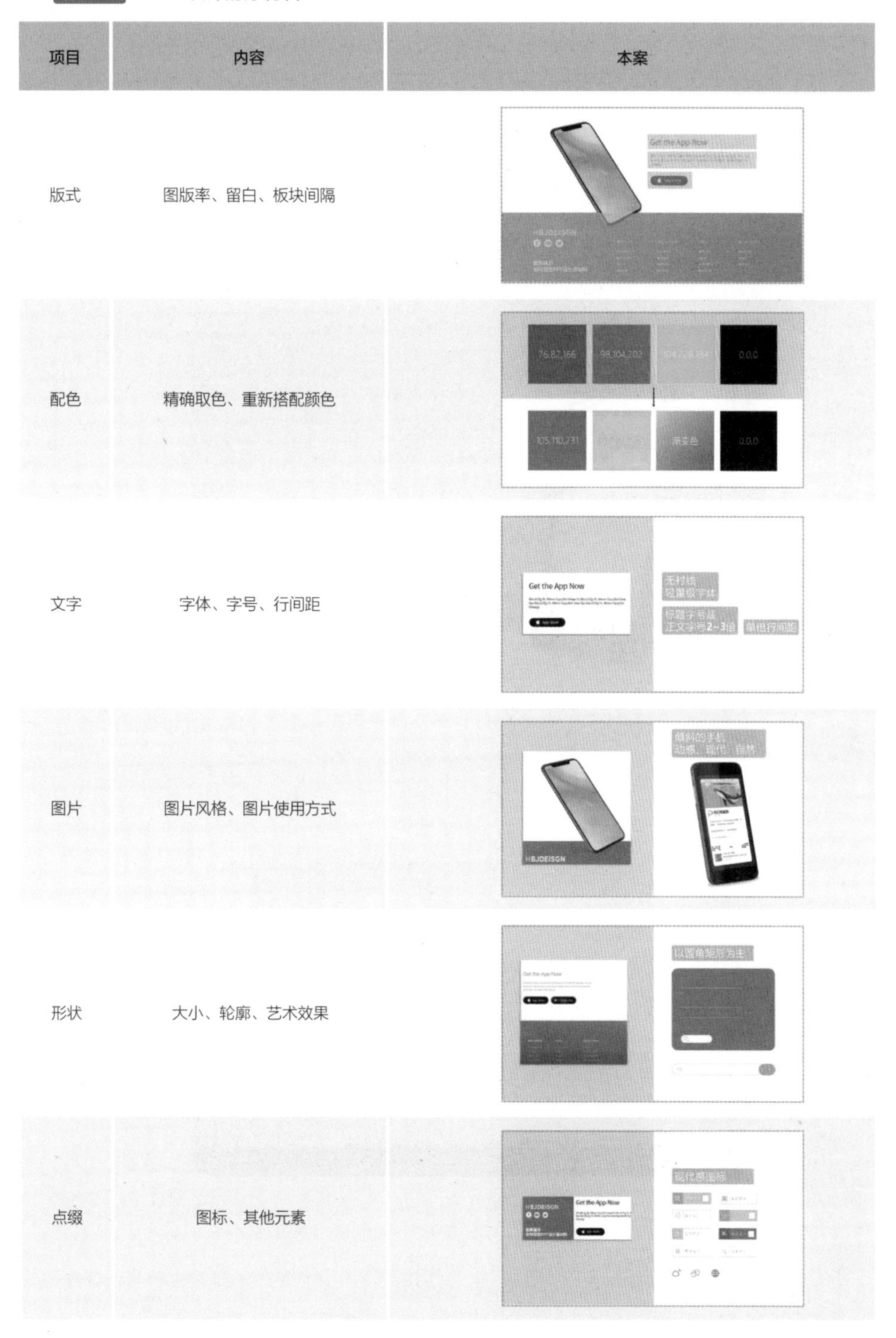

项目	内容	本案
版式	图版率、留白、板块间隔	
配色	精确取色、重新搭配颜色	
文字	字体、字号、行间距	
图片	图片风格、图片使用方式	
形状	大小、轮廓、艺术效果	
点缀	图标、其他元素	

经过上述拆解，我们得到了版式、配色、文字、图片、形状和点缀方面的素材和应用手法。

在本例中，页面留白较多，各板块分散但高度对齐。配色以科技感较强的蓝色为主，为了加强科技感，我们在设计时可重新将颜色搭配为渐变色。在文字上，选择了轻量级的无衬线字体，标题字号是正文字号的 3 倍，正文的字号较小。设计中只有一张图片，即一部倾斜的手机，似乎刚刚从高处掉下但还没有落地，十分引人注目。在形状的选取上，主要使用圆角矩形，可适当添加阴影效果。最后，用图标替代部分信息，让设计更图形化。

有了以上分析，根据原设计，我模仿性地制作了以下 PPT 页面。

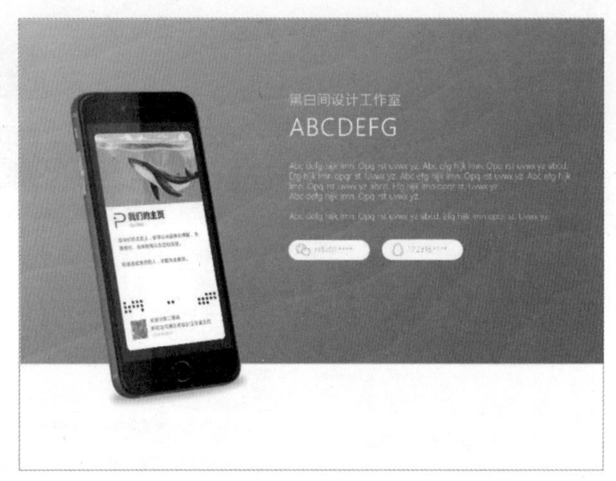

分析并拆解心仪的设计风格，实际上是一种设计思维练习，最终的目的是建立一套设计规则，并用这套规则来整合所有页面，这样有利于观众理解信息，也提升了 PPT 的制作效率。

第 4 章

设计让 PPT 更出彩

本章导读

PPT 软件的界面非常简单，接触过计算机的人基本都能够操作。正是这种简单的特性，让 PPT 应用到各行各业。现在需要制作 PPT 的场合非常多，但是有“要将 PPT 做得好看”这个想法的人却不多，能够真正做好 PPT 的人就更少了。

速成式的设计教学，只知道介绍软件的操作步骤而不归纳其背后的原理，学习者并不能真正掌握技能。有一些基本原理，一旦在脑海中根植，给制作 PPT 带来的改变是巨大的，设计者依靠它们能够取得事半功倍的效果。

4.1 让主题一目了然

现在有下面这样的两页 PPT，你觉得哪一页更加清晰、美观呢？相信大多数人会选择第 2 页 PPT。其实这两页 PPT 之间没有太大区别，文字是一样的，排版方式也是一样的，只有主标题的视觉效果发生了变化。

第 2 页的主标题使用了较粗的字体，并将字号放大了。主标题与副标题之间产生了强烈的对比，带来了美感，同时也让主题一目了然。而前一页的 PPT 中的两种标题，字号完全相同，就像一个故事没有转折。太过平淡的故事不好看，太过单一的设计也难以抓住眼球。

4.1.1 强化关键信息

我们在工作中，经常会遇到纯文本的 PPT，就像下面这两页。

大数据时代的思维变革

大数据的核心是研判和预测，大数据代表着我们分析信息时的 3 个转变。

不是随机样本，而是全部数据。在大数据时代，我们可以分析更多的数据，有时候甚至可以处理和某个特别现象相关的所有数据。

不是精确度，而是混杂性。在大数据时代，很多时候追求精确度已变得不可行，甚至不受欢迎了。当我们拥有海量的即时数据时，绝对精确不再是我们追求的主要目标。

不是因果关系，而是相关关系。这会给我们提供非常新颖且有价值的观点。相关关系也许不能准确地告诉我们某件事情为什么会发生，但它会提醒我们这件事正在发生。

大数据时代的思维变革

大数据的核心是研判和预测，大数据代表着我们分析信息时的 3 个转变。

不是随机样本，而是全部数据。在大数据时代，我们可以分析更多的数据，有时候甚至可以处理和某个特别现象相关的所有数据。

不是精确度，而是混杂性。在大数据时代，很多时候追求精确度已变得不可行，甚至不受欢迎了。当我们拥有海量的即时数据时，绝对精确不再是我们追求的主要目标。

不是因果关系，而是相关关系。这会给我们提供非常新颖且有价值的观点。相关关系也许不能准确地告诉我们某件事情为什么会发生，但它会提醒我们这件事正在发生。

这两页 PPT 中的文本内容完全相同，文字之间的行距和间距也完全相同。唯一的不同之处是第 2 页 PPT 加粗了主题句，让它们变得更加显眼。

在阅读第 1 页 PPT 的时候，视线的移动路线是从上到下、从左到右，这是我们默认的阅读模式。

而在阅读第 2 页 PPT 的时候，视线会不自觉地被粗体的文字所吸引，阅读顺序是先阅读加粗文字，再阅读描述性文字。

大脑会自动将信息分层级，显眼的要素是逻辑上层，要素越显眼，大脑就越不会迷惑。基于这个特性，我们可以通过进一步加强对比来优化页面，让主题句单独成行，并且将视觉差距拉得更大。

这样，眼睛在标题上停留时，就不会被旁边的文字所干扰；同时，浅色的文字被纳入眼睛的余光中，告知大脑这里还有更深入的信息。如果阅读标题之后，对其产生了兴趣，自然就会进一步仔细阅读下面的文字。

可见，PPT 的字体和字号对比，除了能增强设计感，还能够帮助我们呈现逻辑思路。既然显眼的文字如此重要，那就要好好地利用它，让它简短、有力、精确。你的任务就是确保观众瞥一眼就能够获得正确的信息。

很多时候，段落的中心句在开头，这时候我们可以直接将段落的中心句作为标题，然后将其他的文字换行。但有时候我们需要从段落内容中提取关键词句，这个时候就要求我们对信息的归纳一定要准确。因为描述性的文字都是从属于关键词句的，一旦关键词句归纳错误，描述性文字就会丧失本身存在的价值。

举个例子，左边这页 PPT 是讲哪些信息容易引人关注，但它的描述性文字过多，让人看起来感觉比较累。

将内容进行归纳，提取出 3 个关键点，第 1 点是重要的信息，第 2 点是有用的信息，第 3 点是舒适的信息，再将这 3 点设计为对比强烈的形态。正确的信息提取让页面变得更有条理。

4.1.2　对比的手法

所有能够产生差异的属性，都能够作为对比的来源。对比的核心思路是让各个元素的视觉效果不同。需要从始至终记住的对比规则是：加强关键，弱化附属。

让关键元素变得更大，非关键元素变得更小。这一技巧不只对文字适用，对图片同样适用。有意识地让某些图片的大小与其他图片产生差异，就能够突出这张图片。

右图这样的排版常用于人物介绍页面，大小完全一样的头像看不出差别。

如果像右图这样将某张图片放大，很明显这一页该图片就是重点。

除了大小属性之外，图片还有一些特殊的属性，可以用于对比。比如将图片的饱和度降到最低，图片就会变成黑白的形式。黑白照片和彩色照片，能够产生有趣的对比，如右图所示。

遮罩也是图片对比中的常用手段。为了区别正在演示的图片和其他图片，有的演示者会用激光笔指向投影屏，在图片上晃来晃去，并配上“第 1 张图片如何，第 2 张图片如何”之类的话。

相比之下，用遮罩的方式让图片之间形成对比，是一种更美观且合理的处理办法。你想让哪张图片突出，就能让哪张图片突出，只需要将其他图片遮起来就行了。其实遮罩的作用是创造一种模糊与清晰、人工色调与自然色彩之间的对比。

提示

所有能够产生差异的属性都能用到对比当中。针对文字，可以考虑使用调整粗细、大小、颜色等方式来实现对比效果。针对图片，可以考虑使用调整大小、饱和度以及遮罩等方式来实现对比效果。

4.1.3　变化设计的节奏

设计节奏的变化可以让页面更加精致、美观，突出重点信息。我们来看下面的第 1 页 PPT。

它的主标题和副标题已经有了较强烈的大小对比，但还有优化的空间。如果如第 2 页 PPT 所示，将其中的部分文字加粗，把一些细节文字做反白处理，就可以看到——尽管只是两个小小的操作，却为页面增加了两种文字形式，带来了不一样的效果。

事实上，我们经常添加一些“可有可无”的语句，就是为了增加页面中的对比，让主题更加清楚。下面的第 1 页 PPT 中，描述性的语句“多种新供款式和颜色随你搭配”在某种程度上是一句废话，因为这一信息已经在主文案中表达过了。

这句话的存在，更主要的是为主文案提供视觉上的对比，让页面变得更精致、更平衡。不信，我们就将它删掉看看，第 2 页 PPT 看起来是不是空洞了许多？

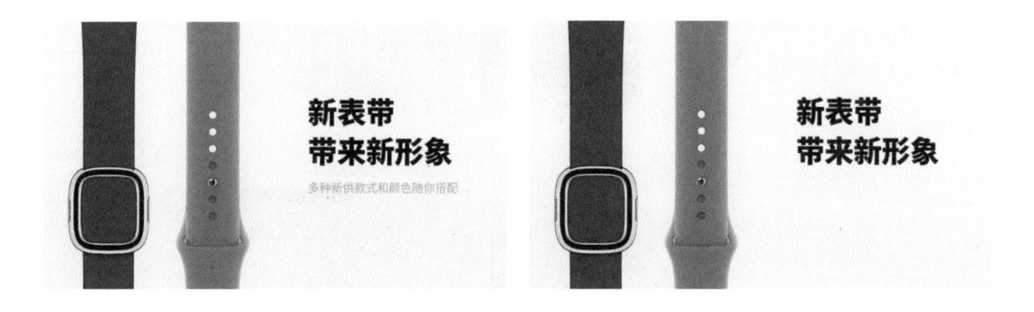

当你对着 PPT 看来看去却总觉得它太过单调，也许是时候做做加法了。没有对比的页面是枯燥和寡淡的，试着增加一些元素，变化设计的节奏，反而能让主题更加清楚。

4.2 将有关系的信息放在一起

有联系的元素应该相互靠近，而没有联系的元素应该相距较远。这就是设计当中的亲密性原则。遵循这一原则设计的作品能让读者很快地从元素的亲疏关系中理解信息内容。

4.2.1 亲疏关系

我们有时会看到类似于下面第 1 页 PPT 的设计。

一页当中，有几张图片、一些文字，它们四处分布、杂乱无章。图文之间似乎有一定的联系，但要找到这个联系很困难。

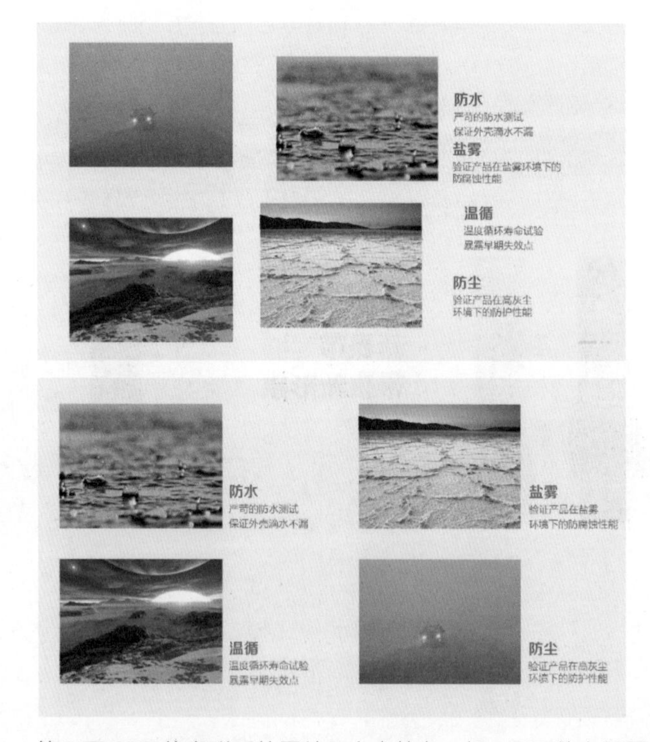

第 2 页 PPT 将有联系的图片和文字放在一起，页面就变得更有条理、更精致了。每一页 PPT，就是一张二维的白纸，元素和元素之间的距离各有不同。

上例中，因为距离变化，图片和文字由相互割裂、彼此无关变为 4 组整体。没有修改任何图片或文字效果，仅通过位置的移动来建立视觉联系就能让 PPT 发生巨大变化。

在封面设计中，理清亲疏关系能够让封面变得更有条理，视觉上更有层次。举个例子，在一个文本框中输入所有的文字，是一种典型的做法，如右边第 1 页 PPT 所示这种方式将信息堆砌在一起，好像它们是一体的。

但阅读后我们发现，前两行是中文标题和英文标题，是关于演示内容的，后两行是演示者的姓名和日期，是关于演示情况的。如果我们能如第 2 页 PPT 所示将两者分开，就能够让观众很快知道信息总共分为两个板块，每个板块中的内容有一些共同点。

4.2.2　处理好间距

下面这一页 PPT，第一眼看上去还不错，图片美观、文字整齐。但仔细阅读一下，是否感觉有点疑惑呢？

图片和文字是否有一一对应的关系？如果这是一对恋人的故事，那到底他们是在森林里认识的，还是在做饼干的时候认识的？为了让页面变得更清晰易读，我们可以做一个简单的处理，如右边第 1 页 PPT 所示，把有联系的文字色块和图片连在一起，这样困惑就消除了。

相连的文字色块和图片能给出十分明确的“我们是一体”的信号，图文之间的对应关系再也不会被误解，观众阅读这一页 PPT 的速度会大幅提升。

其实，只要如第 2 页 PPT 所示对图文的间距做一些调整，信息间的关系也会明确很多。

如第 3 页 PPT 所示，图片与文字色块之间的水平间距明显大于垂直间距，大脑会趋向于将纵向的图文作为一组信息。

提示

要让 PPT 中的多种元素之间的关系不被误解，就要处理好元素的间距。元素在平面中的关系的亲疏，能够可视化地表现信息的内在逻辑。

4.3 整齐美观的秘密

很多时候，我们觉得一份 PPT 做得不美观，甚至看起来很杂乱，如下面这页 PPT 所示这里贴一段文字，那里又贴一段，让人忍不住想跳过它翻到下一页。

感觉就像是刚进家门，看到这里一只拖鞋，那里一只拖鞋，椅子倒在电视机前，脏衣服堆在沙发上。将这样一个杂乱的客厅收拾整洁，只需要将鞋子放进鞋柜，椅子扶起来，脏衣服扔进洗衣机就行了，花不了多少时间。同样，对一份杂乱无章的 PPT，只要将信息归类整理并放在合适的位置就行了。

将文字如上面这页 PPT 所示全部设置为左对齐。这样在统一视觉效果的同时，也明确了阅读的顺序，即从上到下。

在版式设计中，平衡是必须重视的一点，平衡是一种排版技巧，更是一种美学原则。平衡牵涉到形状、颜色、质感等在视觉上的重量感，即画面中形状的大小、位置，颜色的明暗、浓淡，还有质感的粗细、轻重。

要制作视觉上平衡的 PPT 有一个不可或缺的技巧，那就是对齐。

4.3.1 根据内容对齐

将各种元素对齐排列，是一个将信息归类的过程。用一条看不见的线，将元素分类串联起来，变成一组一组的信息。

我们很容易将对齐的元素归为同一类，将错开的元素归为不同的类。这一点在 PPT 的图文搭配中十分有用。

举个例子，右边第 1 页这种多张图配文字介绍性能的 PPT 很常见。这页 PPT 的版式十分规整，图片的大小和间距也都经过了精心的调整。如果能够在对齐上再做一点文章，PPT 的可读性会变得更好。

如第 2 页、第 3 页 PPT 所示，原本全部置于一个文本框（这也是最常见的文本输入方式）的文字被拆分成 3 段，分别与图片对齐。在这样的 PPT 中，图文联系更加紧密。

4.3.2　对齐的观感

基本的对齐方式有 3 种：左对齐、居中对齐和右对齐。3 种对齐方式给人以不同的印象。我们以文字的 3 种对齐方式为例看一下它们的具体效果。

1 左对齐

由于我们习惯于从左到右阅读文字，因此这样的对齐方式在印刷品、网页、手机等各种文字载体上应用最广泛。左对齐并非意味着设计元素必须在页面的左边，我们可以在任意位置拉出一条纵线，作为对齐的边界。

左对齐是一种易于阅读的对齐方式，大段文字一般采用左对齐。

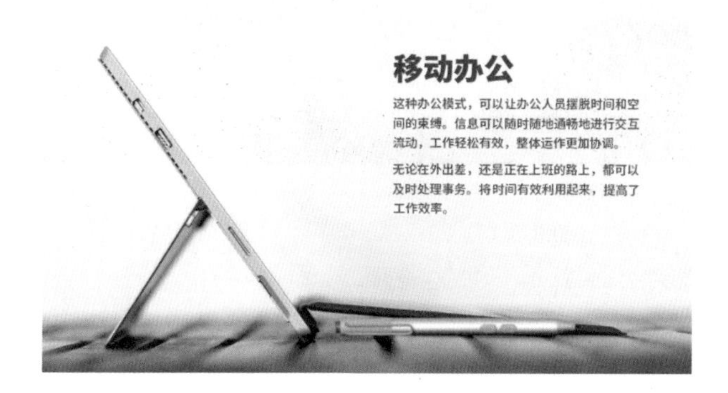

左对齐在元素的左边划出一道边界线，所有元素靠在这一条线上。严格左对齐的设计显得逻辑性很强。

2 居中对齐

居中对齐的页面两侧留白多，我们能在一瞥之间获取关键词句，因此现在很多针对快速阅读的文章，都会将文字数量减少，并将文字设置为居中对齐。

居中对齐意味着左右对称，适合庄重的场合，能给人一种大气的感觉。这种方式在封面设计中十分常见。如果你需要设计一份“稳重”的 PPT，可以尝试将封面信息设置为居中对齐。

3 右对齐

右对齐由于有悖于常规的阅读习惯，所以在大段文字中不常应用。它也是一种视觉冲击感较强烈的对齐方式，在信息标注场景中比较常见。

右对齐在调节页面版式方面能起到画龙点睛的效果。许多名片、模板都会在右下角设置一段右对齐的文字，这样既能够充实版面，又能够吸引眼球。

提示

以上左对齐、居中对齐和右对齐方式的作用都是针对单个页面而言的。除了单纯地让元素紧靠于某条线之外，对齐还有一个重要的作用，就是界定元素与边界的距离。例如，我们希望每一页 PPT 的标题都处在页面的同一个位置，在多页 PPT 中使用相同的对齐参考线，就能让多页元素与边界之间的距离恒定。

4.3.3 对齐的陷阱

对齐并不是选中两个元素，然后在对齐方式中选择一个选项就完成了；也不是死板地将元素与一条线贴合。对齐方式需要根据软件的特性、视觉的观感来进行调整。

1 大段文本对齐

在用中文写大段文字的时候，左对齐是默认的也是最常用的对齐方式，但左对齐也不是万能的。我们用一个例子来讲解。

下面这个页面看起来比较规整，但总让人觉得哪里不对劲，而且视线总是被页面右侧不规则的线条所吸引。

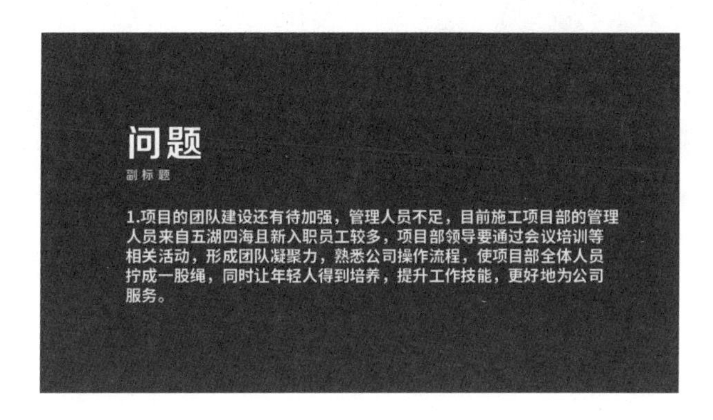

因为左对齐的文字间距是固定的，若到文本框右边界时，空间不足以再放下一个文字，那这个文字就会自动换到下一行。多行文字产生的误差累积起来后就会出现这样不规则的线条。

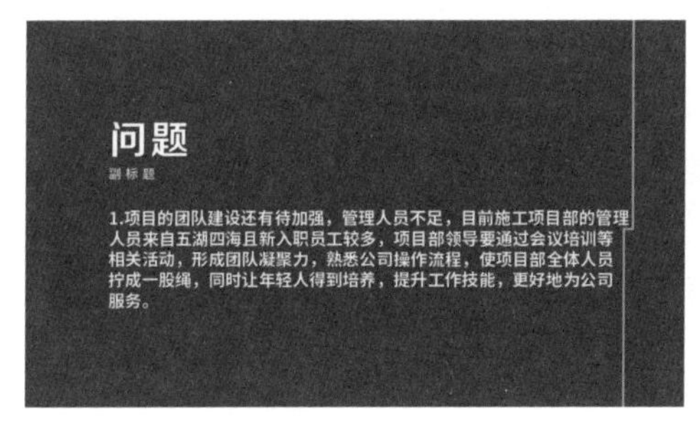

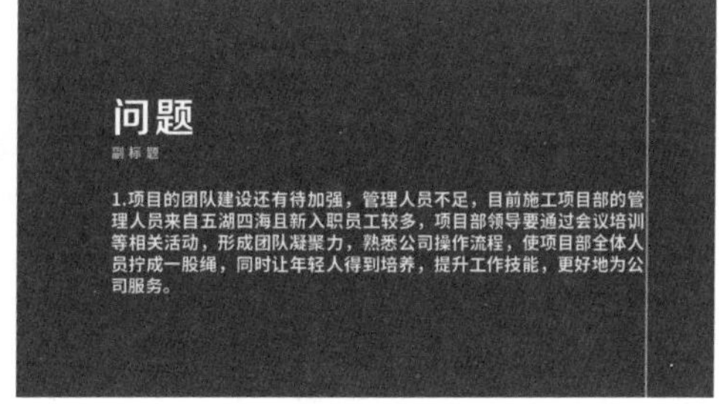

对于大段的描述性文本，更推荐使用“两端对齐”——在边距之间均匀地分布文本，文本会显得更加整洁干净、更加优雅。

2 标题和副标题对齐

在 PowerPoint 软件中，选中多个对象，在“格式”选项卡中可以找到对齐工具。对齐工具里自带了多种对齐方式，包括上文所述的左对齐、居中对齐（水平居中或垂直居中）、右对齐，它们能够让元素的外边框实现一键对齐，十分方便。

尽管十分方便快捷，但这个功能在标题对齐上，却并不一定适用。

举个例子，如下页图所示，我们在设置标题和副标题左对齐后，如果于副标题的左侧边沿划一条对齐线，就会发现主标题和副标题与线之间的距离有差别。这种差别虽然不大，但就像一只烦人的蚊子，扰乱设计的一致性。

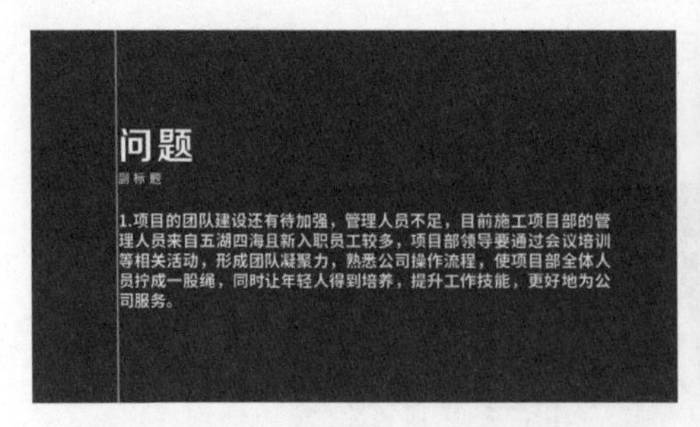

出现这种情况的原因，是字体设计中包含了边距。我们所设置的左对齐，其效果并不是使文字的主体部分与文本框的边沿严格贴合，而是留有一定间距，这个间距会随着字号的增大而增大。因此在标题和副标题这种字号对比较大的地方，误差就会比较明显。

解决的方案是，既然已经划出了一条对齐直线，那就直接轻移标题的位置，利用手工的参考线修正软件自动对齐的误差。

3 有母版就随意排版

为了规范大家的 PPT 制作，让不同个体所制作的 PPT 具有组织特色，很多公司都为用于汇报的 PPT 规定了“母版”。母版一般包括 Logo、标题、页眉、页脚和点缀物等元素。制作者只需要将内容填充进 PPT 中，就可以得到一份标准的具有公司特色的 PPT 了。这样的模式为制作者节约了时间，也统一了整体的设计风格。下面第 1 张图就是一份典型的公司 PPT 母版。

有了母版，我们常常直接将 Word 中的报告截取一部分，粘贴到 PPT 中，就能完成 PPT 的制作。

但是这样的 PPT 往往皮囊和内在不统一，让人一眼就能够看出这是复制、粘贴的成果，如右图所示。改进的方法是在为文本赋予颜色时，考虑母版的色系，再注意一下层级区分和信息对齐这两点，结果就会大不相同，如下页第 1 张图所示。

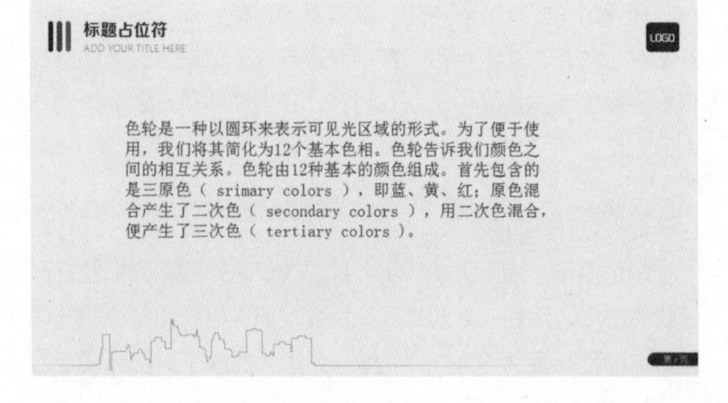

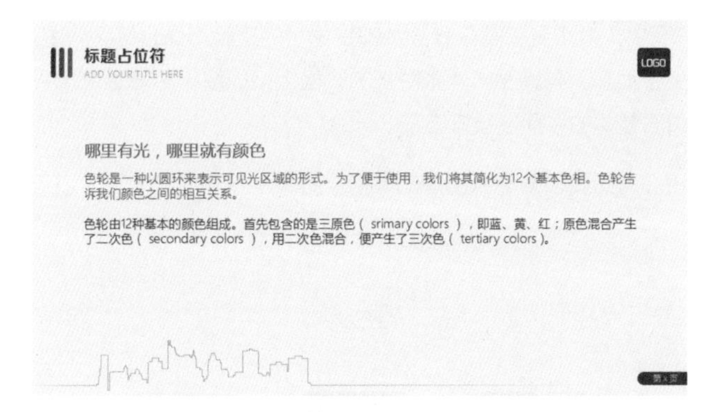

使用母版制作的 PPT 其实天然就具有对齐的参照，那就是母版中的标题、Logo 等元素。精细设计的母版在页边距上都经过了考量，我们可以将内容按照母版的对齐规则放进 PPT 中，如下图所示。

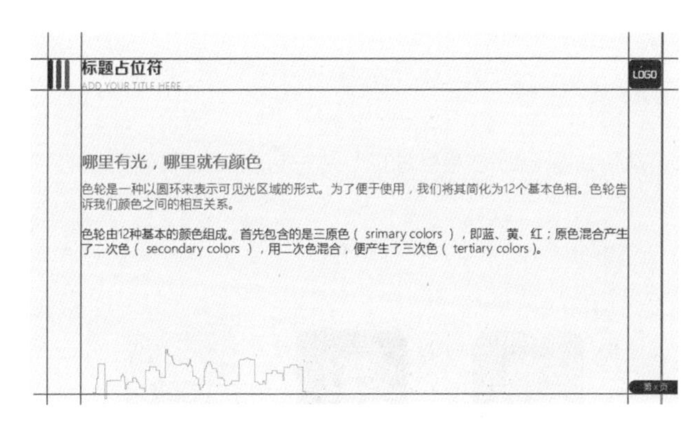

4 图片对齐

在某些特殊情形下，仅仅是图片的边框对齐，不代表真的“对齐”了，我们来举一个例子。

上述这一页 PPT 中，第 1 张和第 3 张图片都是男子的正脸肖像；第 2 张图片突然变成了远景，人物所占的版面也少了很多，与其左右两张图片的风格大相径庭。尽管 3 张图片的大小完全相同，高度也对齐了，但页面整体的平衡性被打破了。

如下图所示，我们只需要将第 2 张图片的人物及其大小与其他 2 张图片进行统一，就能修正这个问题。

此外，在排版人物图片时，除了注意相对的比例之外，还应当注意五官的平衡，如下图所示。

若将人物随意摆放，造成高低错落，会给人一种奇怪的不和谐感。例如下面这页 PPT，最右边图片中人物的眼睛的高度明显低于其他图片中人物的眼睛，这样看起来就会很奇怪。

5 页面中心

前文一直在强调画参考线的重要性，似乎按照参考线来做，就一定是科学、准确的，那真的是这样吗？我们来看下面这两个页面，你觉得哪个圆处于页面的中心位置呢？

虽然第 1 个页面中的圆形，是严格按照参考线来设计的，处于页面的几何正中心；但是在视觉上，我们却无法确定这一点，尤其是在与第 2 个页面比较时，觉得它似乎有一点靠下了。

如果页面中只有一个元素，将其放置在页面的几何中心，会给人其高度偏低的观感。这个性质在制作 PPT 封面的时候会非常明显，我们经常需要写一行标题放在页面中，严格的居中对齐会让页面整体显得低落，如下面这两个页面所示。

可以试着把标题往上放一些，如下述两个页面所示，标题下沉的感觉消失了，页面变得更平衡美观。

在 PPT 中绘制形状时，也需要特别注意严格对齐的陷阱。举个例子，晃眼一看，下面第 1 页中的圆形好像会比方形小一些，设计师真是粗心大意。

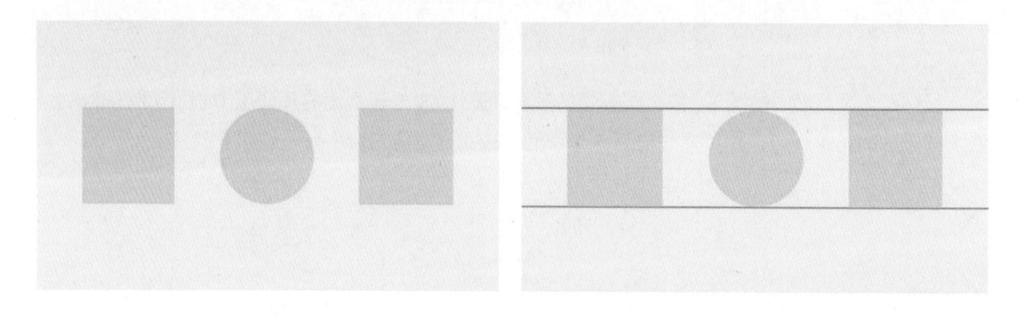

如第 2 页所示，画出参考线一看，3 个形状居然是严格对齐的。

因此，为了让圆形和方形在视觉上平衡，我们常常会将圆形变得大一点。类似这种微妙的变化，无法用死板的教条规定出来，在元素大致对齐的框架之下，剩下的就需要用眼睛去判断了。我们要相信对齐参考线，更需要相信自己的眼睛。

4.3.4 网格设计

只要在版式设计中遵循一个简单的、基础的原则，整个设计就会在这个原则的指导下发散、生长，进而发生奇妙的变化。网格就是这样一个神奇的原则。

下面这 4 个页面尽管版式各不相同，但有没有感觉它们是一套的？

这就是使用了网格设计的效果，相同元素的重复起到了联系多个页面的作用。图片和文本框的边线、大小、间隔的规律性重复创造了多页面共享的节奏感。

首先，我们可以根据水平和垂直的参考线，将页面划分为多个相似乃至全等的矩形，这些矩形空间可以作为安排内容的区域，如右图所示。

然后依照网格线来安排元素，不管元素是占一个矩形，还是多个矩形，由于潜在的重复和对齐关系，元素之间会天然地存在一种“有联系”的感觉。

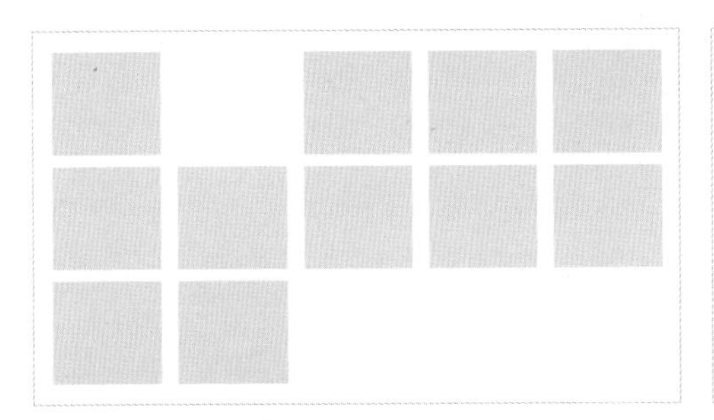

所有的元素暗含了相同的边线、相同的间距、相似的比例等关系。

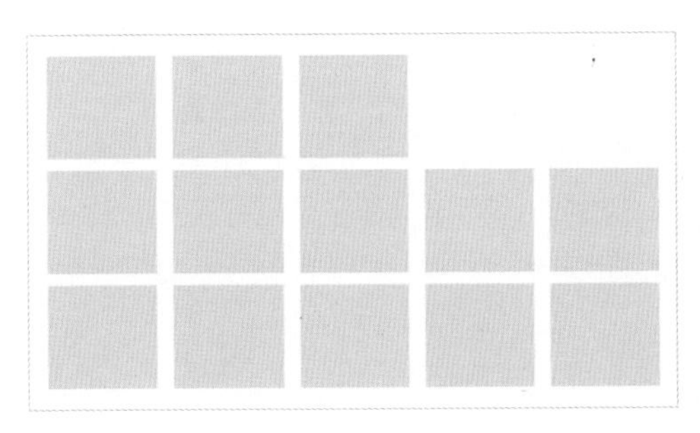

网格对齐可以帮助你得到一个内聚性更强的页面。尽管在制作完成后，这种参考线已经不见了，但在观众眼中，多个元素已被一条不可见的线串联起来了。

4.4 一致性造就高端演示

一份 PPT 一般包含很多页，大小相同的独立页面集合成一份 PPT。相信大家已经应用过一些办法来保持 PPT 的统一，比如将每一页的标题都设置在 PPT 页面的左上角，在标题下都画一条横线，在页面的右下角统一添加页码等，如下面 4 张 PPT 所示。

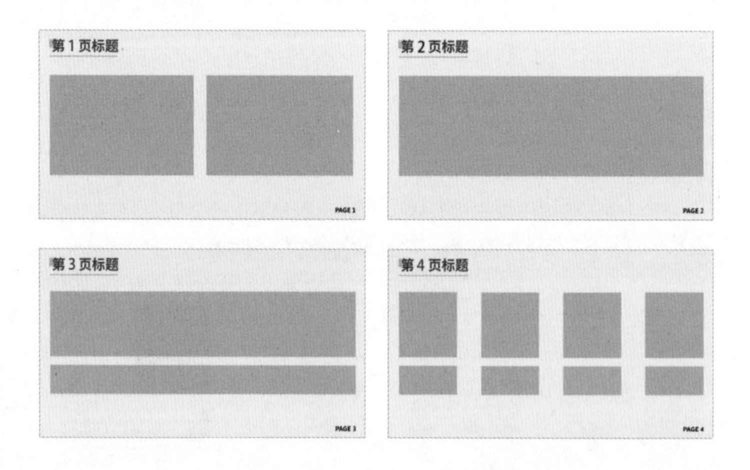

这些贯穿 PPT 的元素，其实就是页面之间产生联系的关键。如果不注意创造页面之间的联系，就会出现奇怪的结果：PPT 的视觉效果总是发生变化，让人感觉这份 PPT 是临时拼凑在一起的；页面快速切换的时候，更是让人头昏眼花。下面这 4 张 PPT 的视觉效果就十分混乱。

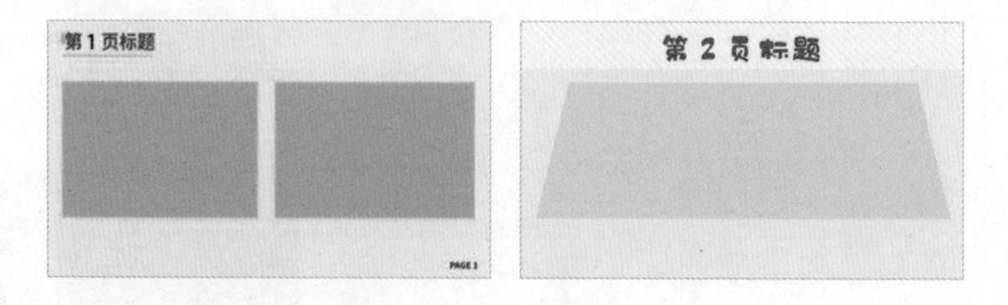

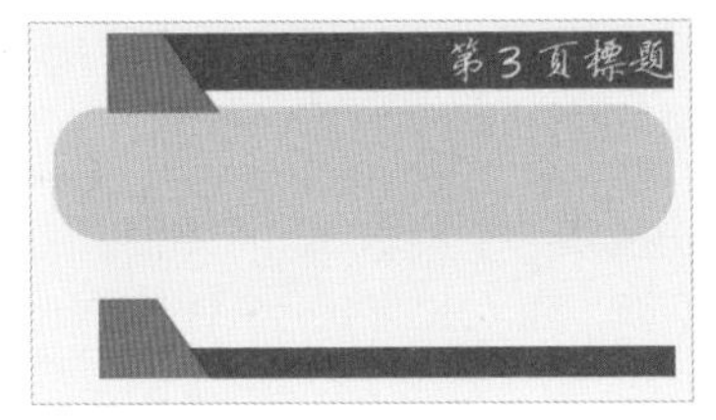

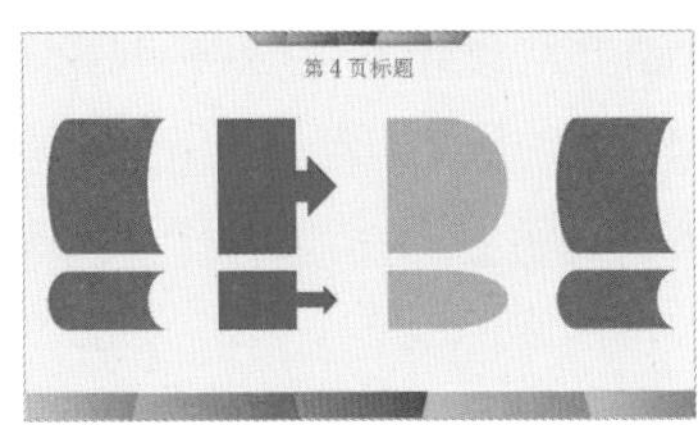

对一份 PPT 而言，不能让它的每一页的排版方式都不同，而应该让观众觉得这些页面是一体的。我们要抑制住重新设计每一页 PPT 标题的冲动，大多数情况下，复制、粘贴上一页的标题版式反而有更好的效果。复制、粘贴其实是在页面间实现了元素的重复。

有意地重复元素，其目的是创造秩序、强化印象。要达到随便复制几页 PPT，都能辨别出它们来自同一个文件的效果，就要让 PPT 从封面到封底，从内容到目录，都有一定的视觉联系，成为一套经过精心设计的高端 PPT。标题和线条的重复只是 PPT 视觉联系的一部分，我们还可以利用更多元素的重复来创造一致性。

4.4.1　排版方式的重复

相似内容的 PPT 要用相似的排版方式，这样阅读起来就会让人感觉十分舒适。下面这 3 页 PPT，图片都很精美，但排版上太过随意。

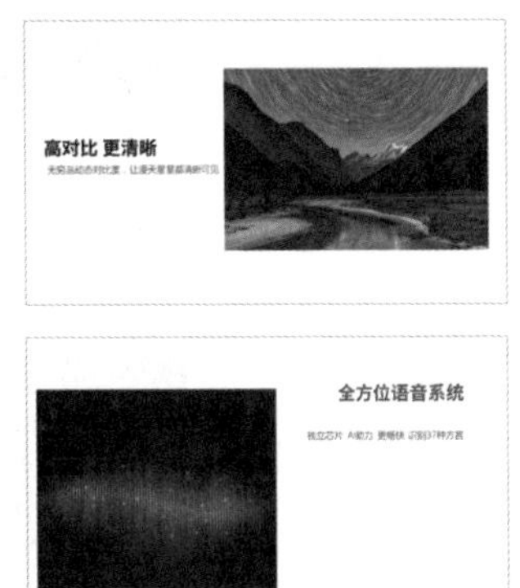

我们可以从版式上来修正这一份 PPT，PPT 版式的一致性主要体现在以下 3 个方面。

- 相似的版面率，即图片在页面中所占的面积差不多。
- 相同的页边距，即元素距离页面边缘的距离一样。
- 相似的留白，也就是元素的间距有特定规律。

用这 3 点来判断上面的 PPT，就会发现几个问题：第一，页面中的图片有大有小，横竖不齐；

第二，文字随意摆放，没有统一的规则；第三，文字与图片的间距变化较大，同时标题文字与正文之间的距离也有波动。知道了症结所在，修正起来就非常方便了。

在已有图片的基础上，我们要探索它们的特点并确定一种排版方式。一方面图片有横有纵，难以统一；另一方面文字又比较少。因此，为了充实页面，可以尝试将图片旋转、裁剪，放大至全屏，如下面 3 页 PPT 所示。

在图文搭配时，需要根据图片本身的特性找一个合适的位置来放文字。在此过程中，可以不断地修正图文之间的视觉平衡效果。本例中，我将文字放在左侧，把图片的视觉重点通过移动、翻转等手段，想办法放在右侧，如下面 3 页 PPT 所示。

标题文字与正文的统一间距、相同的排版方式和亲疏关系暗示我们：这 3 段话是并列关系。创造一致性的手法是多样的，我们还可以将图片处理成黑白效果，将它们模糊处理并把它们作为背景，如下面 3 页 PPT 所示。所有页面都先确定一种排版方式，然后想办法把内容装进去。

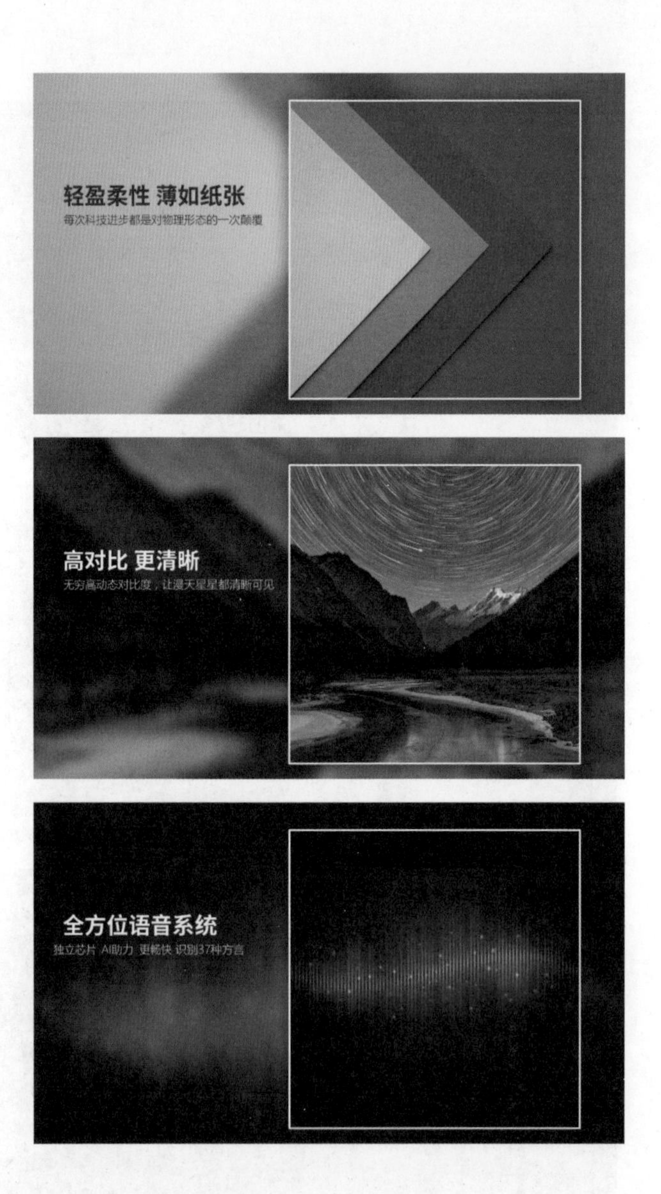

4.4.2 基本形状的重复

通过基本形状的重复，可以实现以下两个目的。

- 更合理地利用 PPT 的页面空间。
- 强调 PPT 整体的设计风格。

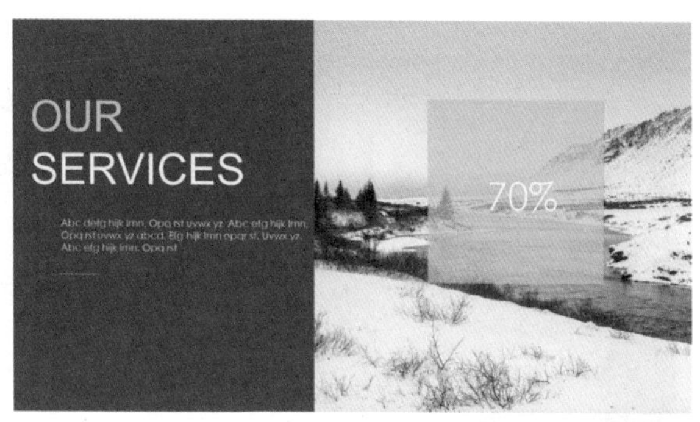

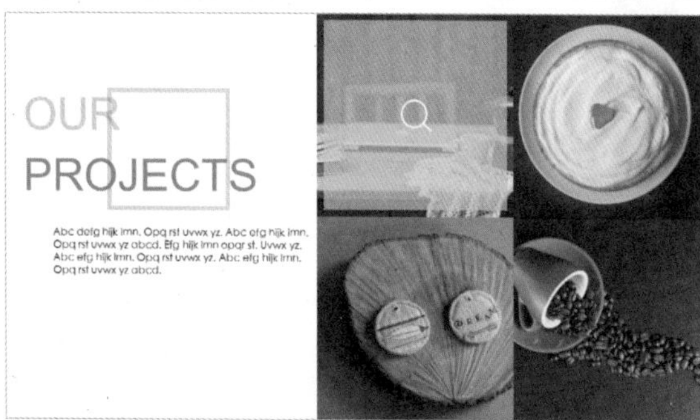

在上面这一份 PPT 中，正方形作为重点设计元素重复出现，贯穿始终的是一种比较硬朗的设计风格。但是仔细观察，可以发现这些正方形的大小并不是完全一样的，透明度有差异，排版方式也略有不同。事实上，为了让版面不那么死板，我们需要对元素进行灵活的重复应用。重复的基本形状可以是承载信息的图形，也可以是纯粹的点缀物。

4.4.3 多样性统一

PPT 整体风格的一致性，应该是元素多样性的重复统一的结果。元素的有无、大小、位置、角度、效果等都可以在总体视觉效果相似的基础上进行变化。

一致性并不代表所有的元素都要重复出现，我们可以只挑选出页面中的一部分关键元素进行重复，下面举例进行说明。

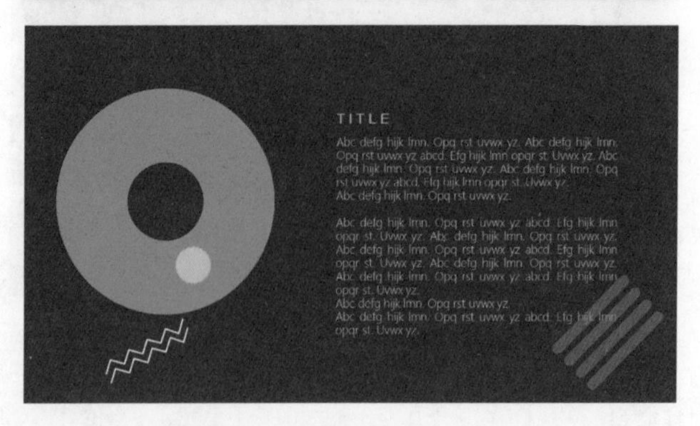

引人注目的橙色环形在上面 3 页 PPT 中都出现了，它们在页面间建立起紧密的联系。其他很多形状只出现了一次，但这并不影响这 3 页 PPT 成为一个整体。

一致性不代表所有的元素都要按照同一个规则重复。制作者可以灵活地修改元素重复的效果，这样能够让页面变得更生动。

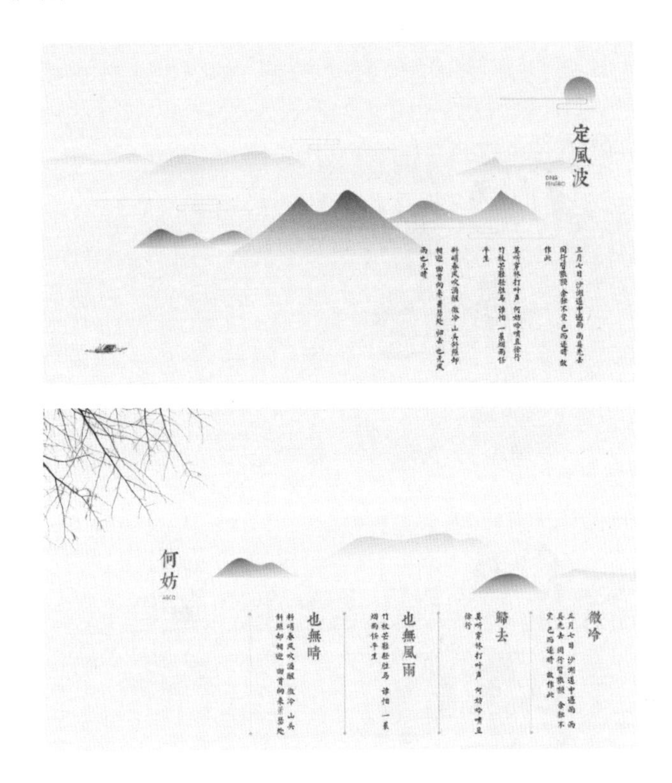

在上面这份中国风的 PPT 中，每一页中的山具有相似的高度和渐变效果，尽管走势完全不同，但这种差异感是建立在视觉大致相同的基础上的。如此处理，相比每一页都在同样的位置放置同样的元素，会更有趣。

总之，所有突破规则的差异性，都需要建立在保持视觉一致性的基础上，否则设计就会变得一团糟。下面我们通过一个案例来实践通过元素的重复建立一致性的过程。

设计主题：北欧风格的生活。

设计风格：简洁。

步骤 01 建立整体重复的框架，这其实就是在建立版式重复的基础。

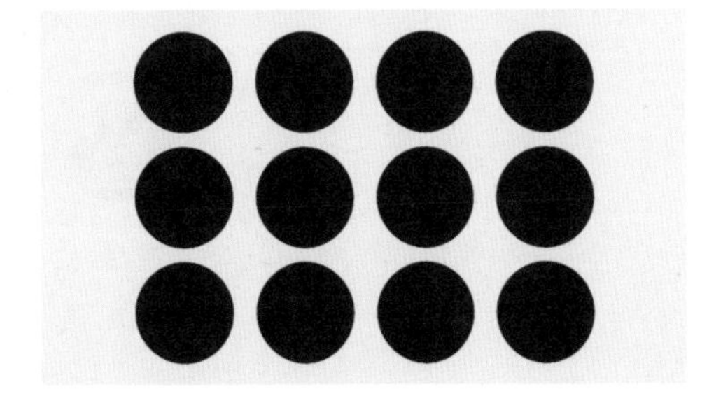

步骤 02　在框架中安排图片。在下面第 1 页 PPT 中，向每一个圆形内填充一张图片，用文字替换了框架中的 4 个圆形，页面整体呈现出一致性。严格按照重复框架做出的页面虽然统一，但比较呆板。在一致性的视觉基础上，我们可以想办法打破规则。如第 2 页 PPT 所示，将左下侧的两张图片修改为两个圆形连在一起的样式；与文字相邻的两个圆形各裁剪一半，以平衡画面并引导观众视线。

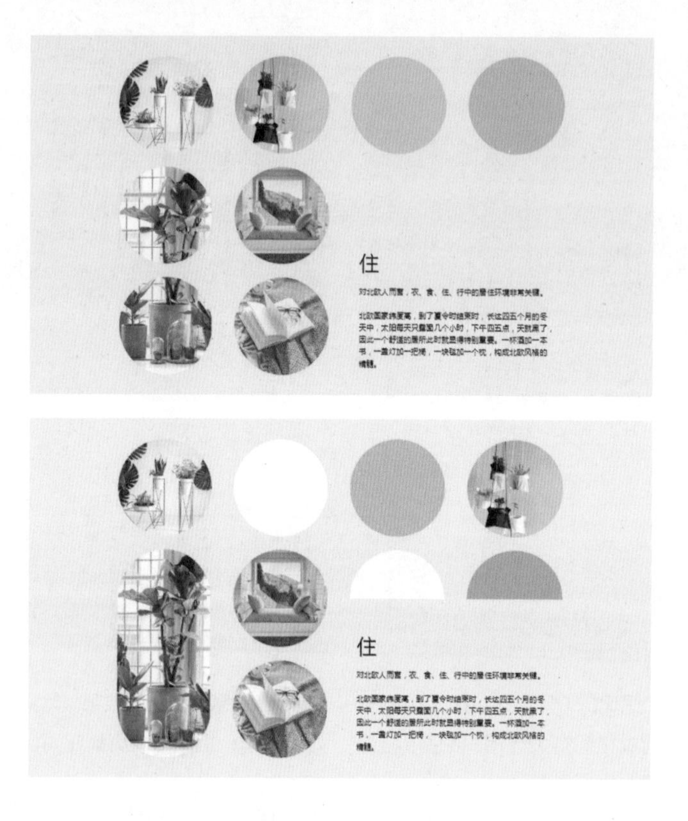

一页 PPT 中可以有很多种重复，除了形状的重复之外，我们可以尝试建立另一种重复：将一部分图片修改为黑白效果。

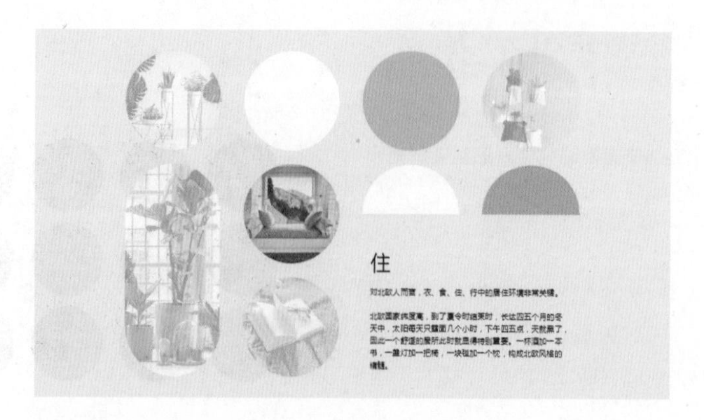

图片在黑白间重复，产生了联系，作为一个整体来烘托唯一一张彩色图片。接下来，在页面四分的框架下，参照圆形的大小，我们很容易做出下面第 1 个页面。

家具的形态大多与圆形不沾边，但版式的重复已经在两页 PPT 之间建立了一定的联系。再如第 2 页 PPT 所示添加一些圆形以进行点缀，多页 PPT 之间的一致性就更强了。

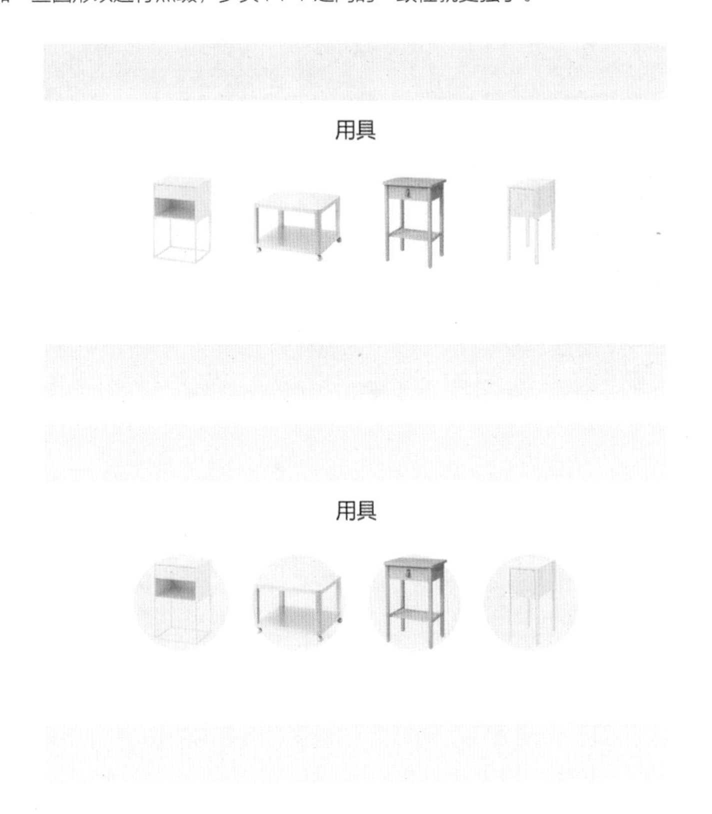

步骤 03 尝试突破版式的限制，只用圆形作为重复元素，建立统一又具有多样性的页面。甚至可以把圆形分割开，或者使其变小一点，让形状的重复不再单调。

步骤 04 在最后一页 PPT 中插入下面这样一张图片。图片中有一个明显的环形交叉口，本身就是圆形，图片中的元素与图片外的元素也可以产生共鸣，因此我们可以考虑弱化图片的圆形边缘，采用柔和的轮廓。为了搭配整体的风格，再将图片的饱和度调低，并且只截取图片的趣味点，为 PPT 创造更多的留白，最终得到第 2 页 PPT。

至此，一份统一而又不死板的 PPT 便制作完成了。

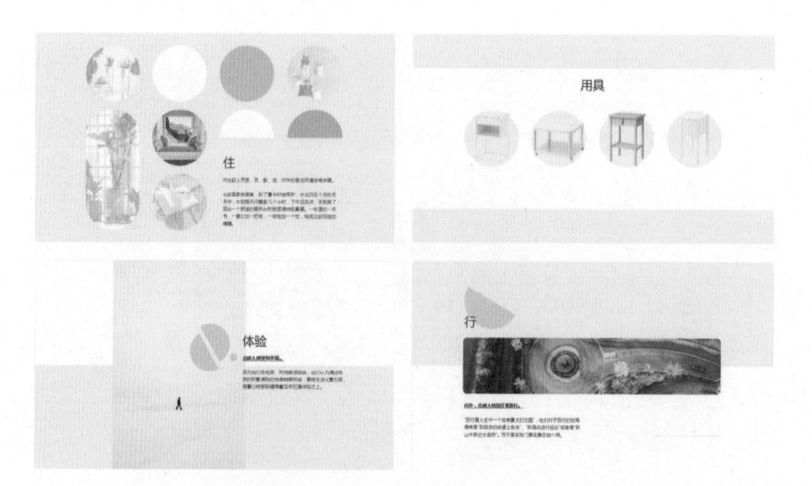

4.5 制作让人眼前一亮的封面

PPT 的封面是一套 PPT 中最具设计操作空间的页面，对它的设计可以理解为制作规定了页面尺寸的平面海报。为了制作出让人眼前一亮的封面，我们可以参考平面设计的表现手法。这些表现手法应该是美观、实用的，更应该是 PowerPoint 软件能够实现的效果。

在封面设计中使用大图就是这样一个既简单又有效果的表现手法。找一张图片，然后在空白处写上文字，这是比较理想也比较简单的一种方式。但如果你曾经尝试过这种方法，就会发现想用它做出好的搭配并不是那么容易。

4.5.1 顺势而为

在好的设计中，文字应该能与图片直接“对话”。

顺势而为，顺的就是构图的趋势，尊重原有图片的风格。我们设计 PPT 封面时，可以考虑让设计的元素与图片主体的方向、延伸、轮廓相契合。例如下面这张图片，峡谷就像一条纵向的线，具有明显的方向性。

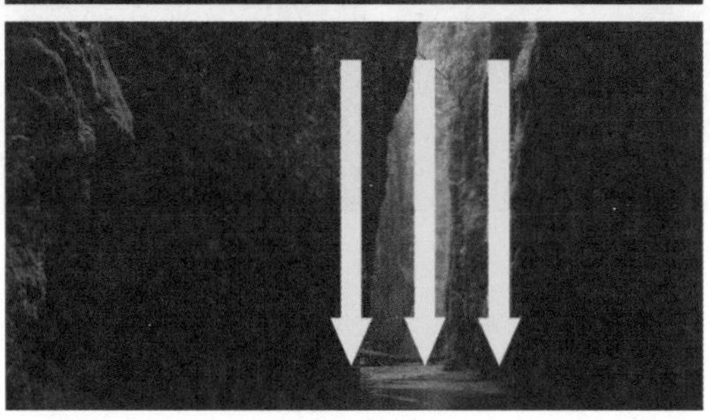

在用它设计 PPT 封面时，纳入这种方向性，把文字方向设为纵向，如右边第 1 页 PPT 所示，可以使其与图片融合得更好。

如第 2 页 PPT 所示，换成平时用的横向文字排版，就少了一点味道。

除了纵向和横向之外，有时候我们还能遇见斜向的图片。倾斜能在平面上表现出运动、不稳定的特性。比如左下角的照片，拳击场的围绳勾勒出倾斜的构图方向，带来紧张的氛围。

既然图片能斜着，为什么文字就不能斜着呢？在设计 PPT 封面时，可以找到这个倾斜的方向，把文字也按此方向排列，如右下角的页面所示。

图片中本身的元素排列可以创造构图方向，图片内容与文字具有相似的方向性可以增强设计的和谐感。还有一些方向是在元素之外的，比如视线方向。我们总会好奇别人在看什么，如果看到一个人长时间盯着一个方向，我们就会忍不住上前问他："你到底在看什么？"

这个特性可以应用到 PPT 设计中，比如在下面这张照片中，这只鹰的视线是向左的。

在它的视线方向摆放文本，如下面第 1 页 PPT 所示。视线在标题和鹰的眼神之间来回跳动，就像乒乓球。这给了观众更好的视觉引导和更长的观察时间。

如果像第 2 页 PPT 一样强行把鹰进行翻转，大多数人就会先读标题，再看到鹰，然后顺着鹰的视线望向页面之外，却发现页面外什么都没有。这样就会让人感觉有点奇怪。

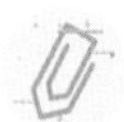

提示

时刻记住顺势而为，借助已有力量而不是与之对抗，才能事半功倍。

4.5.2 好图都是裁剪出来的

可以这么说：在好的设计中，图片基本都是经过裁剪处理的。裁剪图片可以提升设计感，进行二次构图，聚焦设计细节。

1 提升设计感

对我们已经熟知的事物，只给出一个角落，也能想象出其他部分是什么样子。通俗地讲，美来自两个维度，一个是“没毛病”，另一个是不常见。要创造不常见，就要用不常见的裁剪方式，例如明明画面中有完整的元素，但仍将它们裁剪到只留下一部分，营造一种陌生感，为观众制造一些想象空间。

例如下面这 3 张图片，不经裁剪直接放在 PPT 中就显得比较平淡。

运用裁剪创造想象空间，每张图片只留半张脸，一页具有海报感的 PPT 就诞生了。

在下面这张图片中，海鹦的形态是完整的。

为了让页面更有趣，可以如下面这页 PPT 所示只保留海鹦的头部，相对大胆的排版更能抓住眼球。

在生活中，我们很少会细致地观察某个熟悉的物体的局部。

单当这个局部出现在眼前时，如下面这页 PPT 所示，我们也能够一眼看出它的原貌，并且截取局部图片往往具有简洁的美感。

2 二次构图

裁剪图片必然带来一个影响，那就是构图的更改。我们可以利用这个重构的机会，制造新的留白空间。

原始图片中的构图，往往不会考虑后期演绎的需要，主体有时在正中心，有时布满整个页面。我们可以通过裁剪来解决这个问题。举个例子，右图中小猫的头部是最清晰的，同时其处在画面正中心，我们在这样的页面中难以添加文字。

如右图所示，通过裁剪将小猫的头部挪到页面一侧，二次构图时要注意页面的平衡，可以将主体放置在三等分线的交叉处，这差不多也是黄金分割点。这样的构图既不失平衡感，又富有生气。

裁剪前就应考虑好文字编排的需要。本例中直接使用高度虚化的爪子作为文字的背景，如右边这页 PPT 所示。

再来举个例子，右边是一张从太空中拍摄的地球的照片，夜色中的地球遍布橙黄色的灯光，这些灯光勾勒出城市的形态，非常漂亮。

但是，直接将这张照片插入 16 ：9 的 PPT 中，如右下角的图片所示，其两侧就会出现空白，同时地球上方留出的空间较窄，不适合构建平衡的 PPT 封面。

把图片按照 16 ：9 的比例进行裁剪，只保留图片的上半部分，相对地就留出了更多的空间供文字摆放，如右下角这页 PPT 所示。

当你认为手上的图片缺少发挥空间时，仔细观察一下是否可以通过裁剪这个简单的手段重新构图。观察图片中主体的上下左右，说不定就能构造出一张比原图更适合 PPT 的设计的图片。

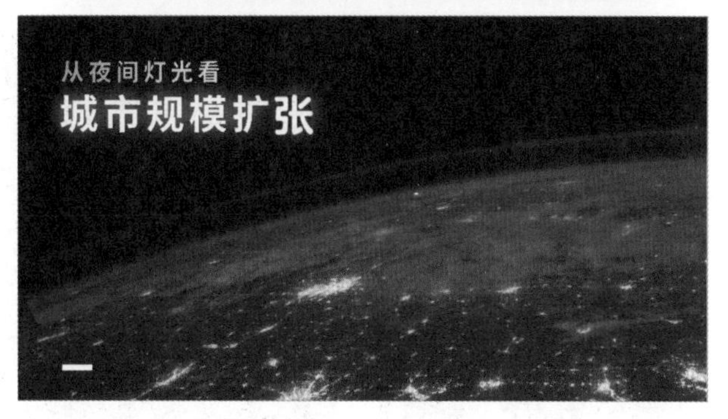

3 聚焦细节

裁剪还能够聚焦于细节，下面这页介绍手机的 PPT，看起来还不错，但是排版过于中规中矩。

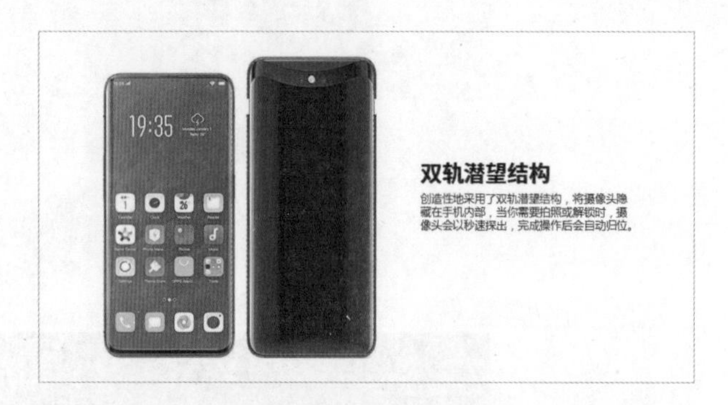

对图片进行裁剪后，只突出介绍关键点，设计变得更大胆且有针对性。

只要明确了通过裁剪表现细节这个思路，纵向的图片经过裁剪也可以很好地应用在 PPT 里。

比如前面的顺势而为那一小节所举的例子的拳击比赛图片，原图其实是纵向的，如左下角所示。而我希望体现的是拳击比赛的紧张感，因此只截取最具有杀伤力的部分——手，如右下角这页 PPT 所示。

很多时候，如果不经裁剪直接使用纵向的图片，就会使图中的主体太小，图版率也比较低，页面看起来很空，如下左图所示。

而经过仔细的观察，恰当地裁剪出图片中的兴趣点，PPT 页面的表现力就会强很多，如下右图所示。

我们自己拍的照片，其中往往有较多杂物。仔细观察，下左图中有锤子、电线，甚至能看见地上的瓷砖缝隙。

工匠精神突出的是专注和手艺，那我们可以裁剪图片，让画面聚焦在用力的手和工作的器具上，如下右图所示。

这样一来，画面的主题是不是明确多了？配合色调和光影进一步强化主题，可以做出右边这样的 PPT 封面来。

裁剪图片是一个发现和探索的过程。好的裁剪能够突出图片中原本被掩盖的细节，能够为 PPT 的排版创造更大的空间，还能够营造艺术感，增强视觉冲击力。

可以说，裁减让很多废片变成了大片，让原本应该被放进回收站的图片素材变成了一张非常棒的 PPT 背景图。这就像米开朗琪罗所说的：“雕塑本来就在石头里，我只是把不要的部分去掉。”

4.5.3 营造层次感

PPT 中还有一个不容忽视的元素，那就是形状。形状在 PPT 的封面制作中应用得非常广泛，最常见的应用方式之一就是将形状盖在图片上并更改它的透明度，使它成为一个蒙版。

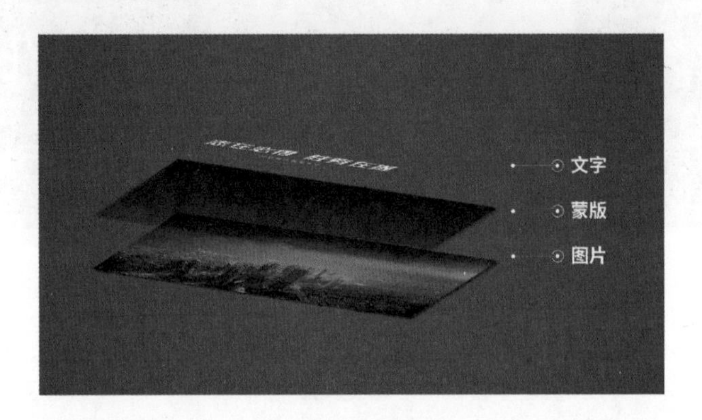

蒙版设计有以下两个优点。

- 在不改变原有图片的基础上创造一个易于摆放文字的空间。
- 加大图片和文字之间的视觉差异，加强层次感。

这一手法在 PPT 背景图片的细节非常丰富、难以再插入文字的时候非常有用。举个例子，用下面这张图片来设计 PPT 封面。

在图片的上面一层插入一个全屏矩形，将其填充为黑色，然后调整其透明度，输入文字即可，如下面这页 PPT 所示。

蒙版的使用非常自由。由于它是独立于图片的一层，我们可以根据自己喜欢或期望获得的 PPT 风格，将它设置为浅色的、深色的，或者是渐变色效果。同一张图片，我们为它添加不同色调的蒙版，得到的效果完全不同。

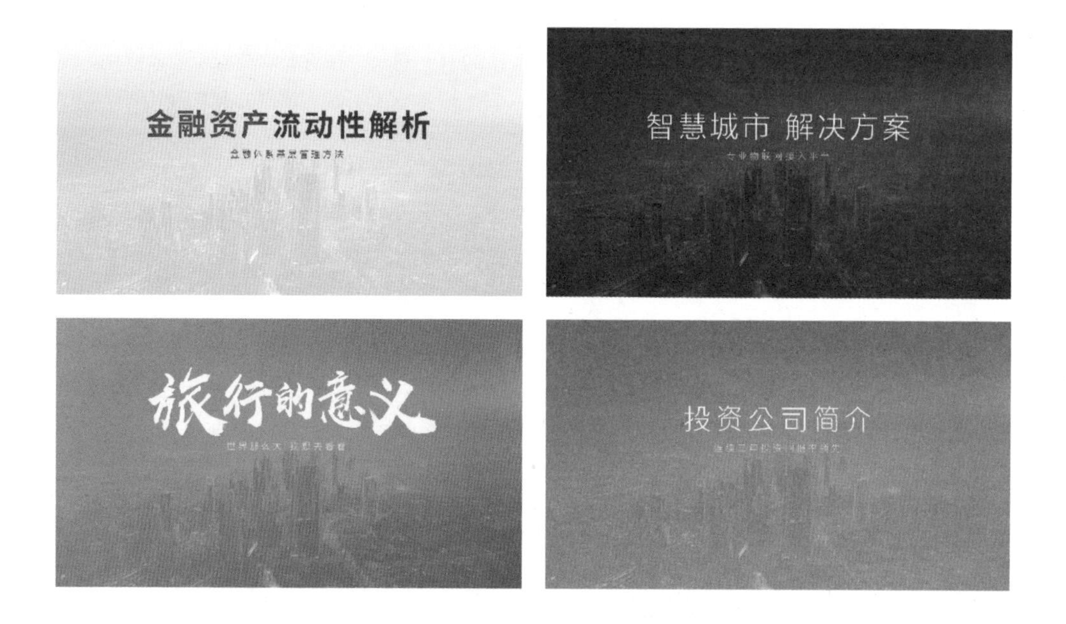

我们常常觉得某页 PPT 太“平淡”了，这往往就是因为它缺少层次感，蒙版可以说是提升 PPT 封面层次感的非常实用的一种方式。图片的添加丰富了页面信息，色块模糊了图片让它不那么抢眼，同时统一了整体的颜色，为我们的主体——文字创造了良好的发挥空间。

4.6 制作美观又实用的目录

PPT 中有一个很难安排的页面，那就是目录。它既不能像封面一样设计得非常酷炫，也不能像内页一样包含过多的细节信息。偌大一页 PPT 里，往往只有由几行字组成的框架，如下图所示。

公司概况
市场分析
产品介绍
成绩展示

为了把这几行字设计得清晰美观，我总结了一套方法。应用这套方法，能够轻易解决目录的设计问题，并且能够随心所欲地变化。制作目录分为 3 个步骤：第 1 步是文本分解，第 2 步是模块设计，第 3 步是加法重组。

4.6.1 文本分解

PPT 目录中所存在的相互并列的若干个要点，它们之间应该是相互独立的。从 PPT 元素的角度来看，这些文字不应该在一个文本框里，有多少个标题就应该有多少个文本框，这样才方便后期设计。

公司概况
市场分析
产品介绍
成绩展示

公司概况

市场分析

产品介绍

成绩展示

4.6.2　模块设计

模块是指每个标题都应该具备的要素的集合体，除了核心语句外，其实我们还需要考虑两个要素：副标题和引导物。

这三者的位置、大小、效果的不同组合，构成了目录的基本模块。

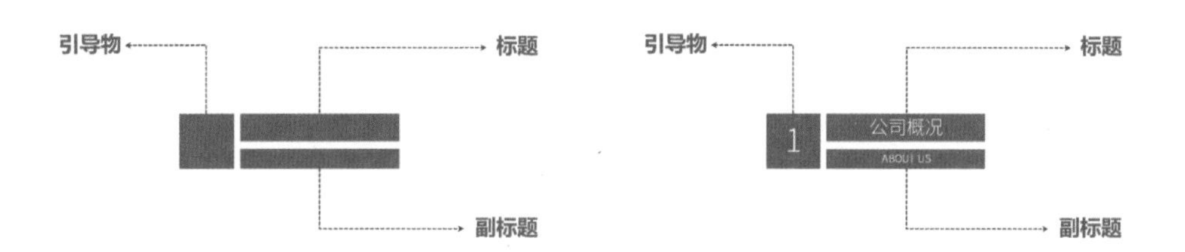

副标题通常是对标题的补充和解释，也可以是标题的英文翻译或汉语拼音。是否添加副标题，很大程度上取决于 PPT 的应用场合。例如在正式的学术报告、公司对外简介等场合演示的 PPT，一般会给标题添加英文翻译作为副标题；内容和结构十分清晰的介绍型 PPT，也会用副标题的形式大致描述每一部分的内容。

当然，在力求页面简洁或难以保证英文翻译准确等情况下，也可以不加副标题。除了副标题之外，引导物也是模块中的重要组成部分。引导物的主要作用有快速计数、引导视线、加强设计感。数字和图标最适合作为引导物，它们涵盖了绝大多数 PPT 的引导物样式。

1 数字

数字的使用非常灵活，包括直接使用、加框线、反白处理、多层形状叠加、加线条等处理手法。

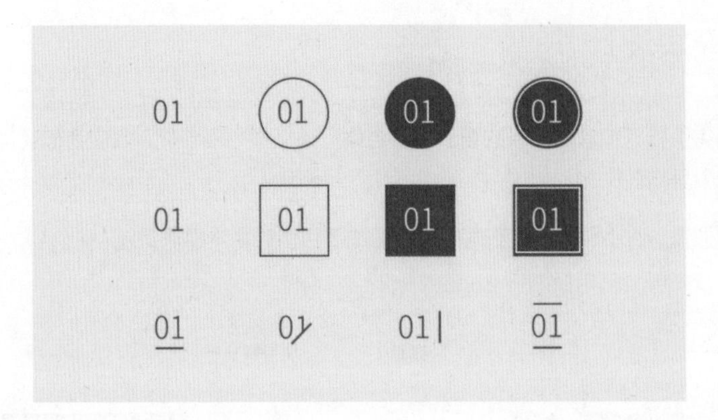

2 图标

图标与数字的处理手法十分相似。在目录中使用图标时，需要特别注意所挑选图标的一致性，避免一个图标线条很粗、另一个线条很细的情况出现。

了解了副标题和引导物的设计规律后，将它们与标题拼合起来，就形成了目录的基本模块。

4.6.3 加法重组

既然 PPT 目录包含相互并列的若干个要素，那么它们的排版就应该以均匀为主要特点，也就是横向间距或纵向间距相等。

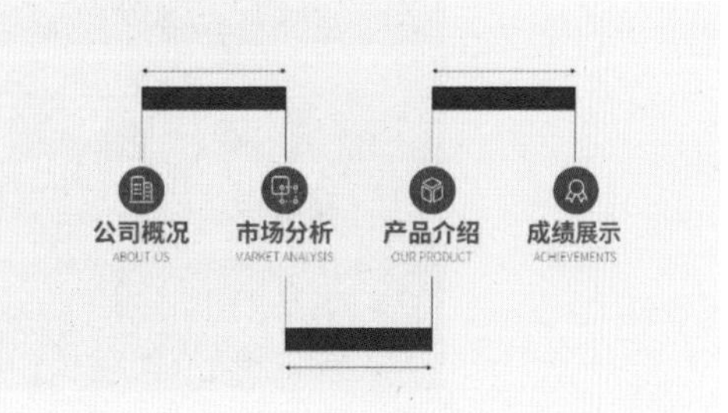

在间距相等的限制条件下，我们可以把目录排版成横向的、纵向的、斜向的、参差的，效果分别如下面 4 个页面所示。

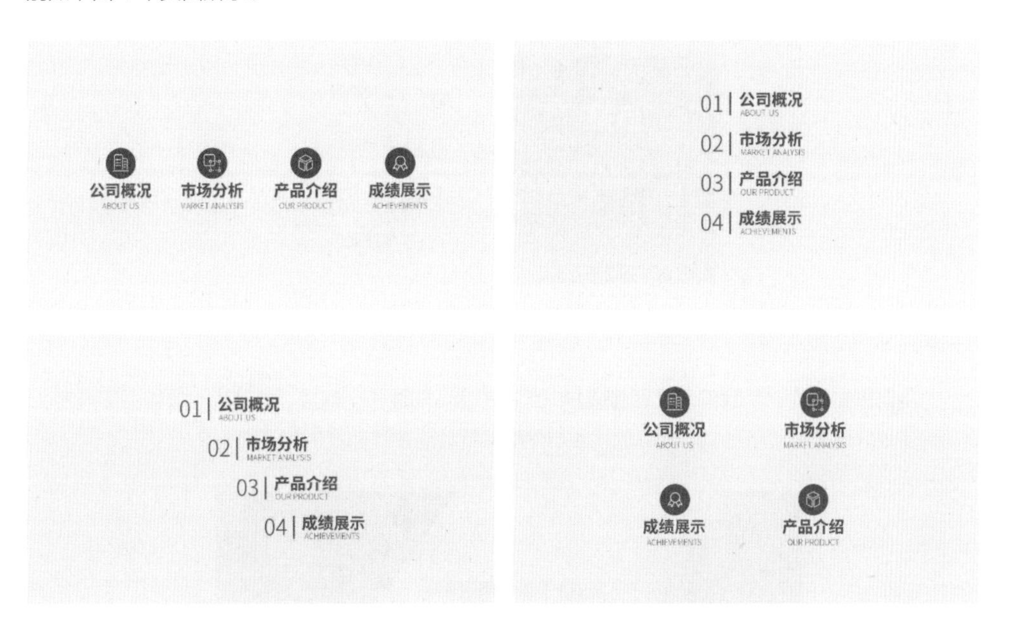

由于 PPT 目录中本身的元素比较少，在重组模块时，主要考虑做加法排版，也就是在页面中增加新的设计元素。在增加设计元素时，有以下几种常用技巧。

1 加形状

我们可以给页面添加条形的色块，强化目录的横向排版，如下图所示。

将纵向排版的目录移至一侧，然后在另一侧添加色块。添加色块的目的是营造平衡的视觉效果，让页面显得更加整齐、美观。

对斜向排布的文字，我们可以顺着该方向绘制形状，形成一个通道，在通道中放置主要内容。页面大多数区域被色块所占领，观众的视线自然而然就会落在我们提供的通道上。

在运用形状的时候，还可以考虑将其作为一种容器，将每个模块装起来，就像一张一张的卡片。

形状也可以单纯作为视觉上的点缀物，为增强页面的精致感而服务。下例中，页面边缘的圆形设计并没有实际意义，但它起到了聚焦视线、丰富页面的作用。

2 为目录配上图片

图片同样可以起到平衡页面的作用，页面哪里有大量空白，就可以将裁剪后的图片放在哪里。举几个例子，如右边的页面所示，我们可以把图片与目录模块进行横向排版。

也可以如右图所示，将图片裁剪后，与目录模块进行纵向排版。

甚至，我们可以将图片填充在斜向的形状里，只要画面整体是平衡的就行了。

除了直接单独使用之外，图片还可以和形状结合在一起使用。将形状部分盖在图片上，既能够输入文字，又打破了图片和留白处的僵硬线条，如右边的页面所示。

当然，也可以用上我们之前提到的蒙版技巧，将图片放大，在图片上盖上一个蒙版，然后将目录模块放上去，如右边的页面所示。

蒙版的使用既可以是全屏的，也可以是局部的，如右边两个页面所示。

利用形状和图片，就能够使页面区分出纵深和平面效果。

总之，添加形状和图片的目的是丰富和平衡画面，创造新的空间。在添加图片时始终记住这一点，就不会画蛇添足设计出奇怪的页面。

PPT 目录其实还可以作为过渡页，提示现在正在讲的是哪个部分。在排版均匀、视觉统一的基础上，只要将某一个部分凸显出来就可以了，如下图所示。

提示

再次强调一下，PPT 目录的设计分为 3 步：第 1 步，文本分解；第 2 步，模块设计；第 3 步，加法重组。有必要的情况下可以强化局部。

第 5 章 PPT 制作技巧

本章导读

制作出美观实用的 PPT，既需要遵循一些设计原则，又需要掌握一些制作技巧。本章从图片、文字、配色、形状、图标、效率、图表等方面来具体讨论，这些版块就像七巧板，如果不了解它们的形态，就不可能拼好图。本书的写作并不局限于软件的操作技巧，也不空洞地说教，而是强调让 PPT 为演示目的服务。

5.1 图片

5.1.1 一图胜千字

利用图片，能够传达文字难以直观描述的信息。例如，我们都知道公交车相比小汽车而言，更加节约资源，但到底有多节约，用文字我们可以这样描述：一辆满载的公交车上的所有乘客，如果都选择驾驶一辆小汽车上路，那这些小汽车占用的道路资源会比公交车多很多。但具体多多少呢？文字很难准确描述，但是下面这两张图可以直观地说明。

把类似这样的图片插入 PPT 中，肯定比大段文字更有说服力。图片除了直接作为主体插入 PPT 之外，还经常被用作背景。观看高清的图片，对观众而言是一种享受。即使只是一个背景，高清图片也能提升设计的精致感。我们经常听到人们说某个 PPT 很“高大上”，很多时候，是因为 PPT 中用的图片比较清晰、大气，如下面两张图所示。

5.1.2　图片大小不合适怎么办

在 PPT 中进行图文搭配时，经常会遇到以下 3 个问题。

- 第 1 个：插入的图片不能匹配页面的纵横比，留下了空白区域。

- 第 2 个：预留的写字空间不合适。

- 第 3 个：多张图片的比例不同，无法对齐。

这些图片问题会让我们想要去拖曳图片的边框，让它变成我们期望的形状。图片原本的比例被破坏，图片里的内容也随之变形。

一个人的照片，某种程度上代表了他本人。我们一般都不会撕毁照片或折叠照片，否则就感觉像是侵犯了照片里的人。

因此，在 PPT 里如果需要改变图片的大小，一定要等比例放大和缩小。按住 Shift 键再变换大小就能够实现等比例放大或缩小。针对不同的情况，有以下 3 种解决方案。

1 放大图片，按需求裁剪

对多图并列排版的页面，放置每一张图片前应该先确定它们的位置和大小，再根据位置和大小裁剪图片。以上面那页 PPT 为例，其预设版式很明确，抽象出来就如下图所示。

而原始的 4 张图片并没有这么规整。

将图片放大，与抽象出的版式相叠加。

按照预设版式裁剪图片，至少保留了人物的基本形态。

但是，放大图片、按需求裁剪这一方法并非万能的。在上面这页 PPT 中，第 2、第 3、第 4 张图片的裁剪效果还不错，但是第 1 张图片中女性的嘴和男性的头顶都被裁剪掉了，看起来很别扭。

这是版式和图片相融合时，硬性标准相互冲突所造成的：版式要求图片占位明确，而图片要求比例固定。两者若皆要满足，只能放弃一定的图片清晰度，由此引出第 2 种解决方案。

2 更改版式

版式要求占位明确，图片要求比例固定。两者当中，后者为重，前者可以灵活变化。我们可以根据图片来确定版式，尽量保留图片的关键部分，越重要的图片面积应该越大，如下图所示。

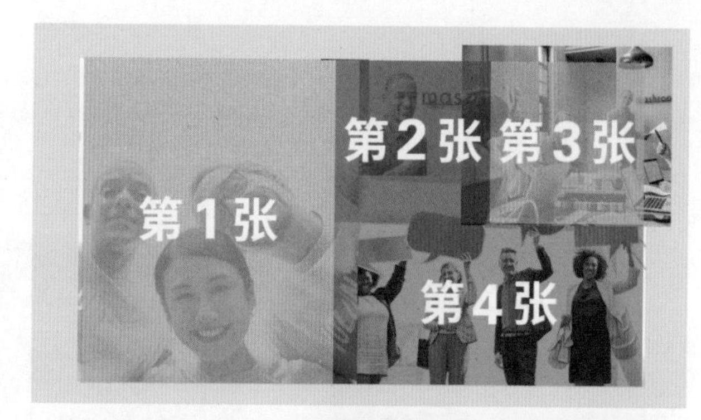

考虑图片本身特性而确定的版式，如右边这页 PPT 所示，拥有更多的可能性。

接下来看刚才提出的“写字空间不合适”的问题。

最简单的解决方式就是将图片向内裁剪，留出更多的写字空间。

裁剪出的空间除了放文字以外，也可以放形状等元素，如右边的页面所示。

裁剪不一定是生硬的，将图片边缘裁剪为柔和的线条，也能拓展空间，如右侧的两个页面所示。

裁剪有一个特性，那就是永远都在做“减法”。追求沉浸式的大图体验时，光用裁剪法有时会效果不佳，主要体现在以下两个方面。

- 更改了元素相对于页面的大小。
- 某些情况下难以保证重要内容全部显示在页面内。例如一张集体合照，原本的比例是 2 ： 1，要将其全屏放在 16 ： 9 的页面中，两侧的人就不在画面内了。由此引出第 3 种解决方案。

3 增加新的像素

既然减法有所局限，那就对图片像素做加法。

这里介绍一个小技巧，需要用到 Photoshop 软件，执行一个命令就能完成。这个技巧叫作“内容识别填充”，顾名思义，就是根据图片中已有的内容，自动计算并填充所选部分。

下面这页 PPT 中，如果将图片放大后再裁剪，人物剪影势必变大，其与字体的比例关系也会被破坏，同时也降低了远景所产生的美感。

因此，要在不改变既有图片大小的情况下，重新生成像素，让它填满整个 PPT 页面，具体操作如下。

步骤 01 将该页 PPT 另存为一张图片。

步骤 02 在 Photoshop 中打开这张图片。

步骤 03 按快捷键 M，然后框选需要填充的部分，如下左图所示。

步骤 04 按快捷键 Shift+F5 调出“填充”对话框，在“填充”对话框中设置相关参数，如下右图所示。

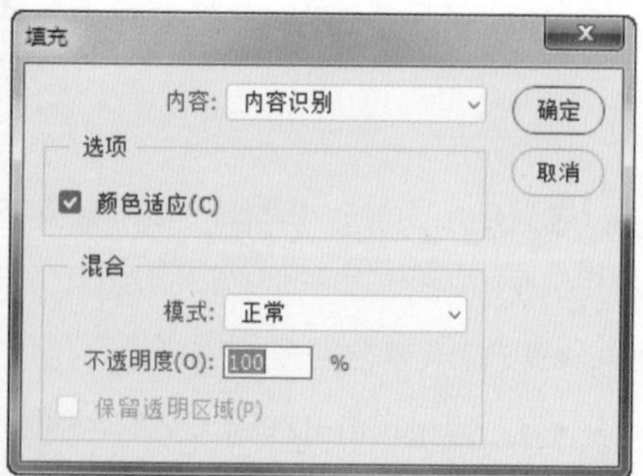

步骤 05 单击“填充”对话框中的“确定”按钮，完成操作。

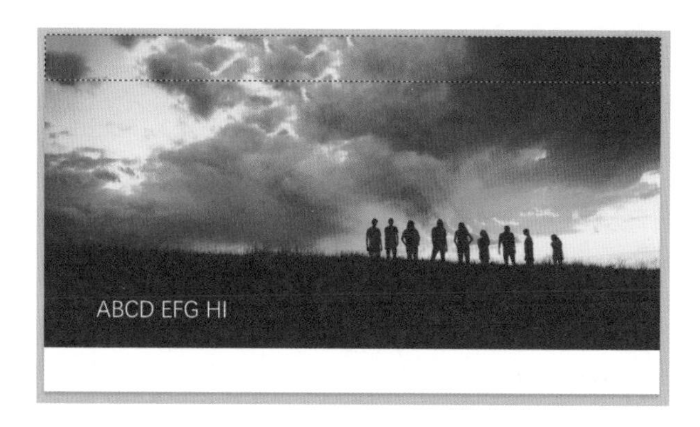

步骤 06 这样，画面的上方就自动生成了像素，如上图所示。按快捷键 Ctrl+D 取消选区，对画面的下方进行与上方相同的操作，完成后的效果如下图所示。

前面中有一例 PPT 页面，其背景为有规律的木纹，“内容识别填充”能够在不改变主体大小的情况下，轻易拓宽它的边界，拓宽后的效果如下图所示。熟练运用这个简单的技巧，你在版式设计上就会有更多的选择。

5.1.3 如何裁剪图片

从网上下载的图片只能叫作素材，要将其应用到 PPT 中还需要进行适当的处理，其中最重要的处理方法就是裁剪。裁剪是指将整张图片中的局部截取出来，裁剪得当的图片能够给文字排版留下更多的空间。

1 裁剪为矩形

最常见的裁剪方式是将图片裁剪为另一种尺寸的矩形。即使都是矩形，也有不同的纵横比，现在的 PPT 页面的比例大多是 16 ：9，如果将横放的图片裁剪为 16 ：9，就能够和 PPT 的页面比例完美契合。这样裁剪出来的图片能铺满页面，适合作为背景图片，具体操作如下。

步骤 01 在 PowerPoint 中选中图片，软件自动切换到“格式”选项卡，如下图所示。

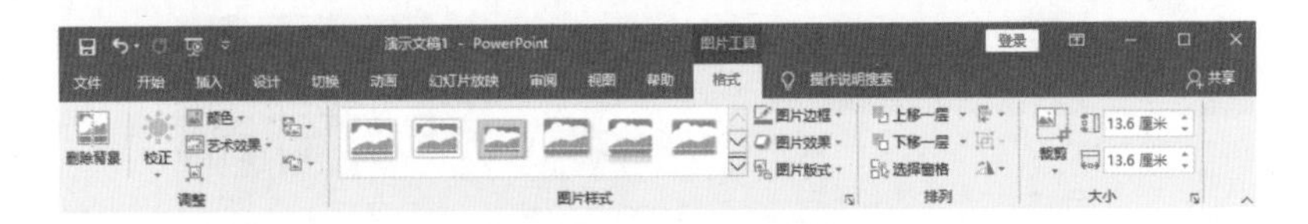

步骤 02 单击“裁剪”下拉按钮，在弹出的下拉菜单中选择横向纵横比 16 ：9，然后单击“裁剪”按钮即可。

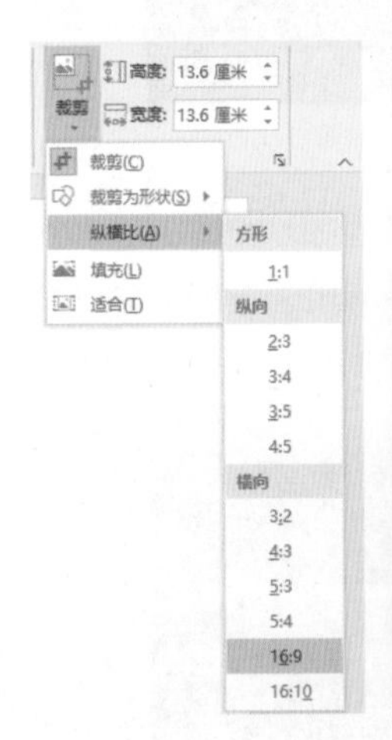

提示

除了 16 ：9，1 ：1 和 4 ：3 也是经常使用的比例。1 ：1 适合使用在 PPT 的内页中，以多项并列的形式呈现各种元素。4 ：3 和 16 ：9 一样，是 PPT 页面常用的尺寸。

2 根据轮廓线裁剪

从网络上下载的图片多数都有生硬的矩形边框，不管物体本身是什么形状，都会被装到一个矩形里，这样既显得死板，也不容易对齐（当纵横比过大时）。

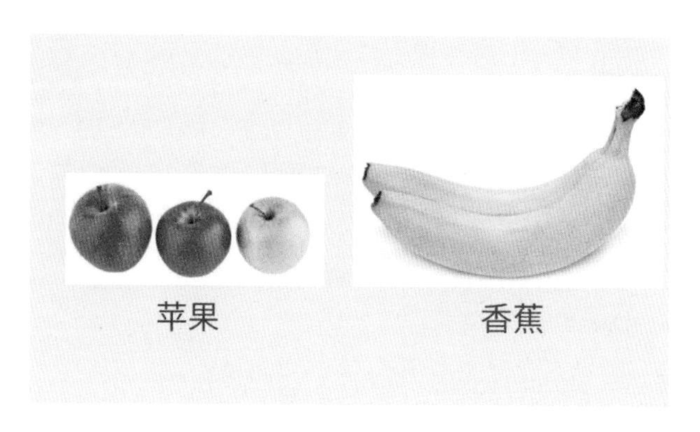

通过应用 PowerPoint 中的删除背景功能，我们可以将图片中的白色背景删除，按轮廓线裁剪出物体本身的形状，具体操作如下。

步骤 01 选中图片，软件切换到“格式”选项卡。

步骤 02 在该选项卡中单击“删除背景”按钮，如右图所示。

步骤 03 标记要保留或要删除的区域，然后单击“保留更改”按钮，这样就删除了不需要的背景。

这时候的对齐参考就不再是矩形的边框，而是物体实际的大小了。去掉矩形的底色之后，页面也变得更加生动了，如下面两图所示。

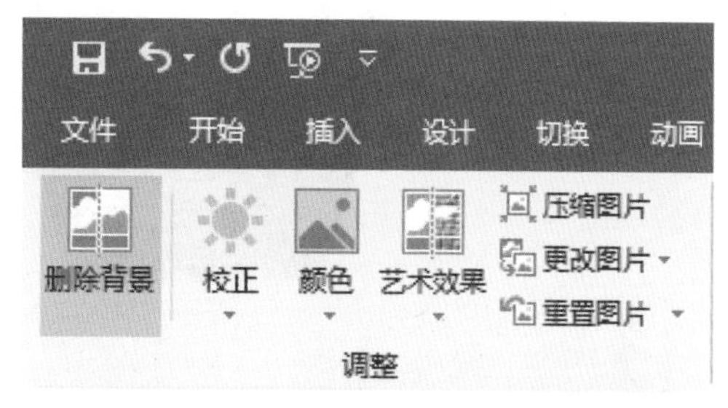

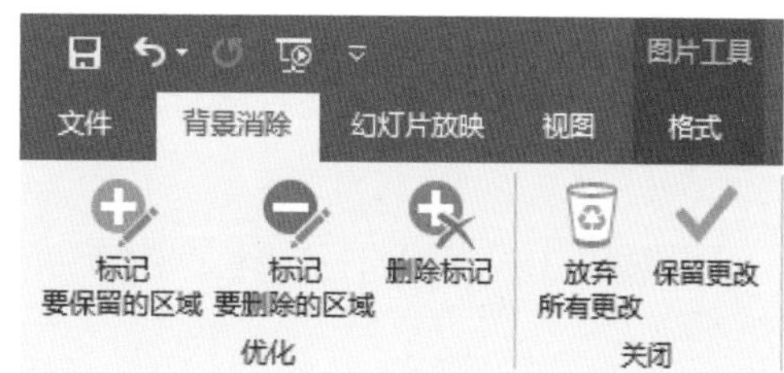

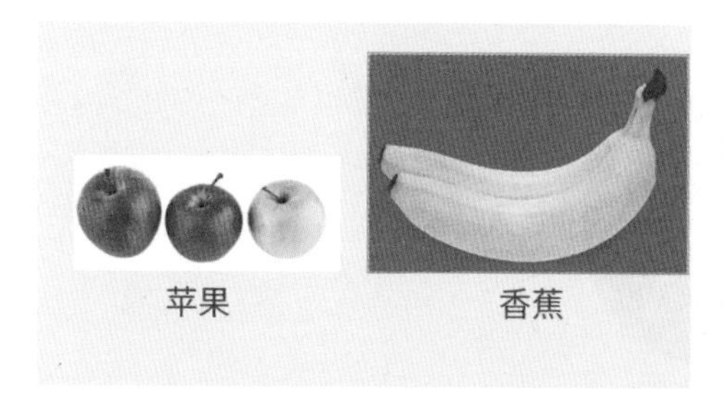

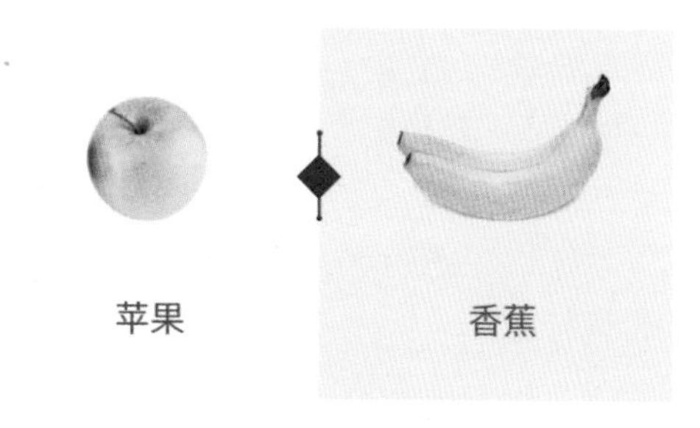

3 裁剪为任意形状

除了裁剪为矩形之外，其实裁剪可以更加灵活，例如我们还可以把图片裁剪为圆形或三角形等，这里介绍 3 种裁剪的方法。

方法一：

步骤 01 选中图片，然后在“格式”选项卡中单击“裁剪”按钮下面的三角形图标，在弹出的下拉菜单中选择“裁剪为形状”命令，如右图所示。

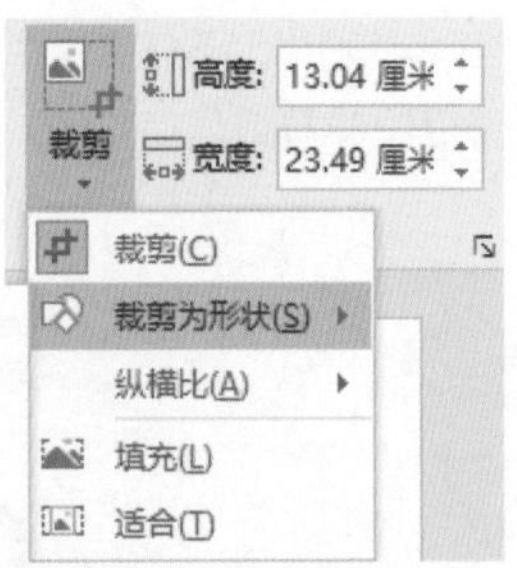

步骤 02 此时会出现一个形状的预设面板，里面有多个基本形状，这些形状都可以被应用为裁剪的参照对象。

步骤 03 例如，在如右图所示的面板的“基本形状”中选择五边形，就能够将图片很快捷地裁剪为五边形，效果如下图所示。

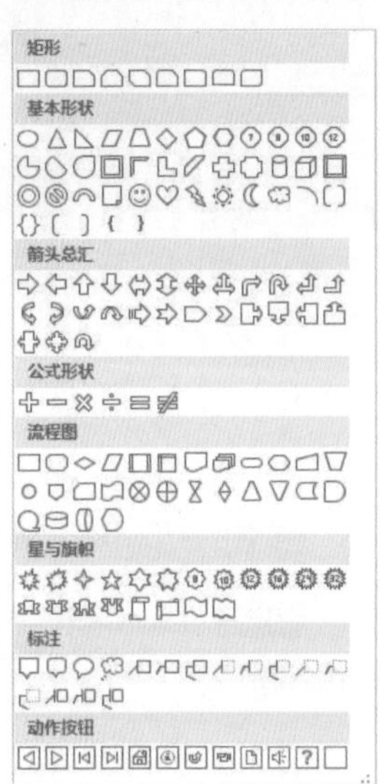

方法二：

步骤 01 在 PPT 中绘制一个形状，这个形状可以是自己需要的任意形状，比如绘制一个圆形，如下图所示。

步骤 02 鼠标右击形状，在弹出的快捷菜单中选择“设置形状格式”命令。

步骤 03 在弹出的参数面板中选择“图片或纹理填充”单选项，如下图所示。

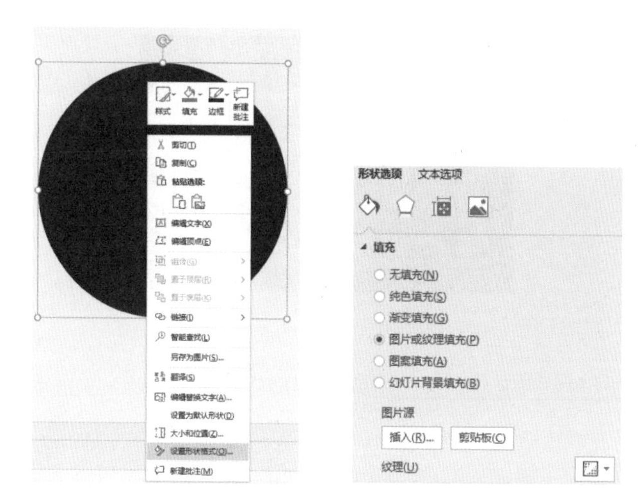

步骤 04 选择“图片源”为“插入”，这样就能够选择本地计算机的文件了，如下图所示。

步骤 05 我们在本地计算机中选择一张纵横比为 1 ：1 的图片，能够得到如下图所示的效果。

这种方法实际上是在一个预先绘制好的形状中插入图片。其优点在于可以随时更改插入的图片，缺点在于图片的比例和形状的比例相差较大时，图片会变形。

方法三：

步骤 01 在 PPT 页面中插入一张图片。

步骤 02 在图片上绘制一个形状，这个形状就是我们希望将图片裁剪成的形状，比如插入一个梯形，如下图所示。

步骤 03 先选中图片，再选中形状，这时候，菜单栏会自动出现“形状格式”和“图片格式”两个选项卡。

步骤 04 单击“形状格式”选项卡中的“合并形状”下拉按钮，在如下图所示的下拉菜单中选择“相交”命令。

这种方法的逻辑是将图片和形状之间重叠的部分保留，其余的部分删除。此方法的操作最为灵活，缺点在于相交操作不可逆，一旦处理完成，图片就不能再变回原来的状态。

应用以上几种裁剪方法，理论上可以将图片裁剪为任意形状。不论图片的数量如何，构图有多复杂，掌握基础的操作方法之后，重复或组合应用就行了。

5.1.4 图片的使用技巧

除了裁剪，在 PPT 中使用图片还有一些小技巧，熟练使用这些技巧可以帮助我们更大限度地发挥图片的作用。

1 图片蒙版

大图型设计能够在保证效率的同时增强设计感。高山、大海、星空、城市等图片若用作背景，能够和大多数演示主题相契合。

一张优秀的图片本身就具有层次感，将其用作 PPT 背景，是一种快速让页面变精致的方法。制作大图型的 PPT 分为两个步骤，第 1 步是根据主题和风格寻找合适的图片；第 2 步是在图片的空白部分输入标题文字。

如果找到的图片本身没有文字空间，就可以先在图片上覆盖一个蒙版，再输入文字。例如下述这张图，内容比较丰富，直接在图上添加文字会遮盖图片的主体，并且背景中有高亮的灯光，和文字的亮度相近，会导致文字看不太清楚。

在图片之上插入一个黑色的蒙版，能够极大地减少图片对文字的干扰，提升文字的辨识度，具体操作方法如下。

步骤 01 插入一个全屏矩形，将矩形调整至图片之上、文字之下的位置。下图中，蓝色框线框住的范围代表了矩形覆盖的范围。

步骤 02 鼠标右击矩形，在弹出的快捷菜单中选择“设置形状格式”命令，如下图所示。

步骤 03 在弹出的参数面板中，选择矩形的填充颜色为黑色，“透明度”设为 45%。

添加蒙版后的效果如下右图所示。

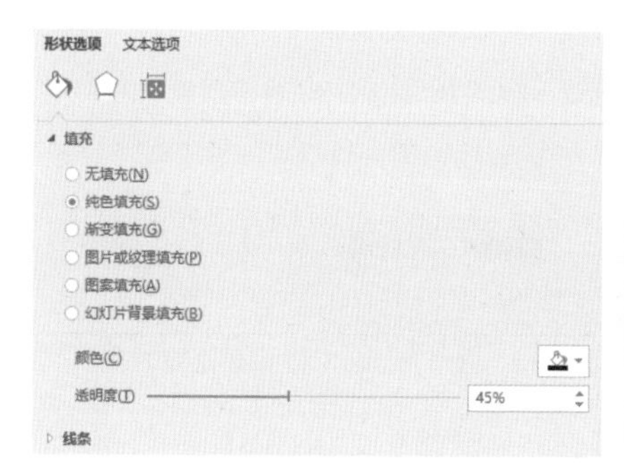

除了将整个形状统一填充为透明、黑色的之外，我们还可以对蒙版进行渐变处理。在下面这一页 PPT 中，文字和月亮都偏向于白色，文字的易读性较差。如果想要让文字更清晰，同时保留图片下方的人物，应用均匀的蒙版难以实现这个目标。

此时可以在图片上覆盖一个线性渐变的蒙版，让黑色的透明度从上到下逐渐降低，效果如下图所示。

制作线性渐变蒙版的具体操作步骤如下。

步骤 01 在图中插入一个全屏矩形，将矩形调整至图片之上、文字之下的位置。下左图中，蓝色框线框住的范围代表了矩形覆盖的范围。

步骤 02 右击矩形，在弹出的快捷菜单中选择“设置形状格式”命令，然后在弹出的参数面板中选择“渐变填充”单选项，如下图所示。

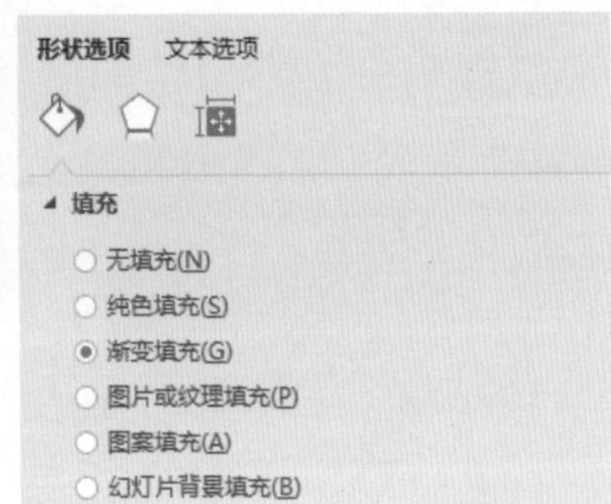

步骤 03 把渐变填充的“类型”设置为“线性”，“角度”设置为“90°”，设置第 1 个渐变光圈的“透明度”为“30%”，第 2 个渐变光圈的“透明度”为“100%”。

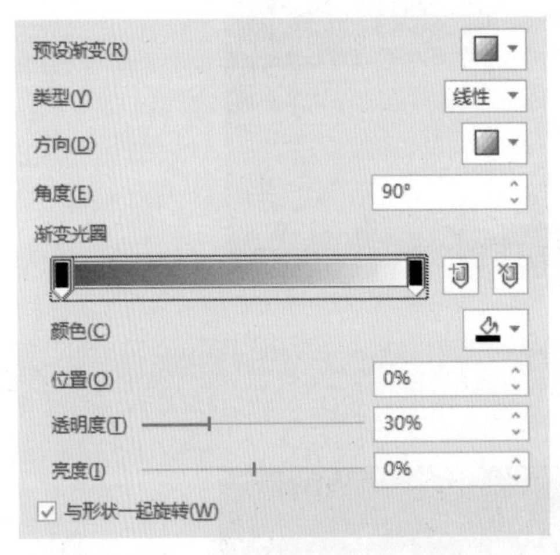

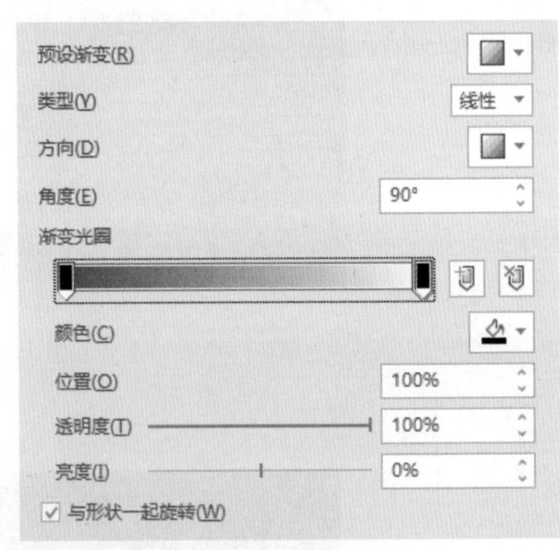

如此一来，蒙版将重点遮住图片的上半部分，这样既让文字十分清晰，又保留了图片下半部分的辨识度。

2 图片调色

PowerPoint 自带基础的调色功能，选中一张图片，“格式”选项卡的“校正”按钮提供了多种亮度和对比度的组合预设。

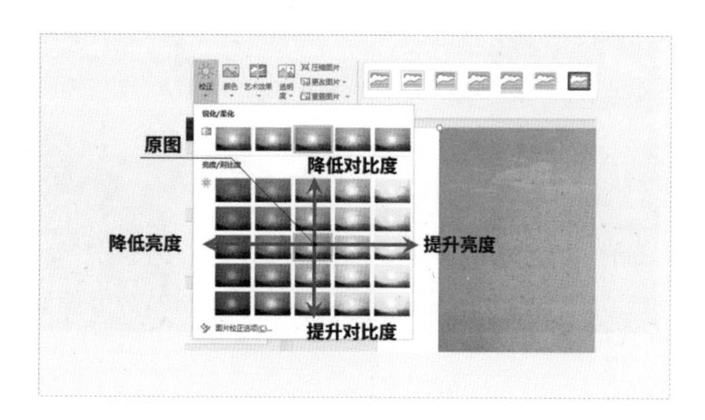

这些预设以 20% 为步长，调整原图的亮度和对比度。如果希望只进行微调，可以选择下方的“图片校正选项”命令，在打开的面板可以修改相关的参数，如右图所示，这里的可控参数和专业的后期处理软件中的可控参数类似。

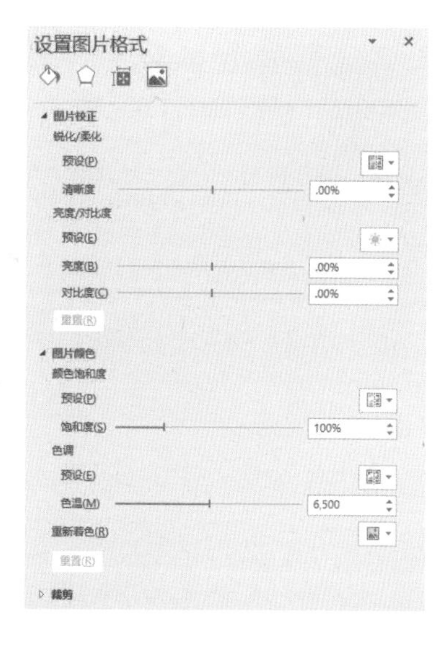

在“图片校正”参数栏中，调整“清晰度”滑块可以让照片变得模糊或清晰；调整“亮度”滑块可以让照片变暗或变亮；向右调整“对比度”滑块，可以让暗部更暗、亮部更亮。

在“图片颜色”参数栏中，“饱和度”滑块控制照片中掺杂的黑白两色的含量；“色温”滑块控制画面色调的冷暖。通过这些滑块来调整参数，能够实现复杂的调色效果。例如我们为一张普通照片增加亮度，降低对比度、饱和度和色温，就能实现小清新的效果。

原图　　PPT调色后效果

当饱和度调整为 0 时，图片会由彩色变为黑白。这也是一种不错的处理方式，能够让多页 PPT 中的图片风格统一。

3 图案使用

图案是一种具有装饰效果、结构整齐的花纹或图形，其中使用最广泛的是四方连续图案，这种图案呈现出一种向四周连续延展扩散的效果，下图就是一张典型的四方连续图案。

将原图复制出多个图案，并让它们与原图对齐，仔细观察。

我们发现，多个图案之间是可以无缝拼合的。

用这样一个小小的图案布满整个页面，我们可以得到一页完整而复杂的背景，如下图所示。使用图案是一种有效增加细节的方法。

如果觉得图形太显眼，看着头晕，可以运用上文中提到的图片调色技巧，将它处理为暗纹效果。

下面来介绍一下让四方连续图案铺满整个区域的方法，具体如下。

步骤 01 准备好图案素材，然后在 PPT 中绘制一个全屏矩形。

步骤 02 右击矩形，在弹出的快捷菜单中选择“设置形状格式”命令，在弹出的参数面板中选择“图片或纹理填充”单选项，勾选“将图片平铺为纹理”。图片源选择步骤 01 中准备好的图案素材即可。

步骤 03 修改“刻度 X”和“刻度 Y”，可以使单个图案所占的面积发生变化。

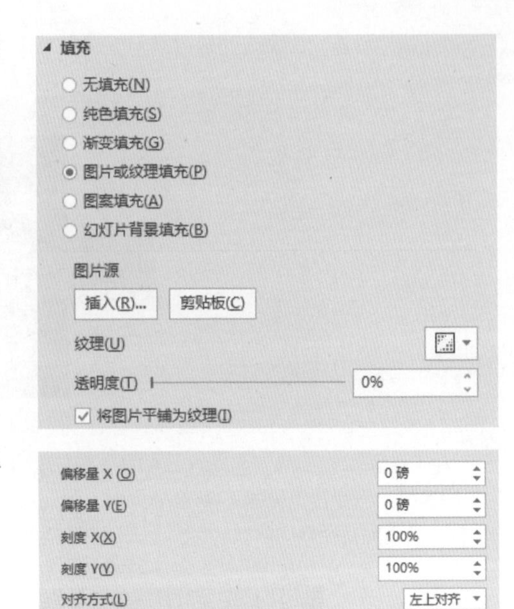

以下图为例进行说明。

“刻度 X”和“刻度 Y”设为 50% 时，填充整张比例为 16 ： 9 的 PPT 的效果如下。

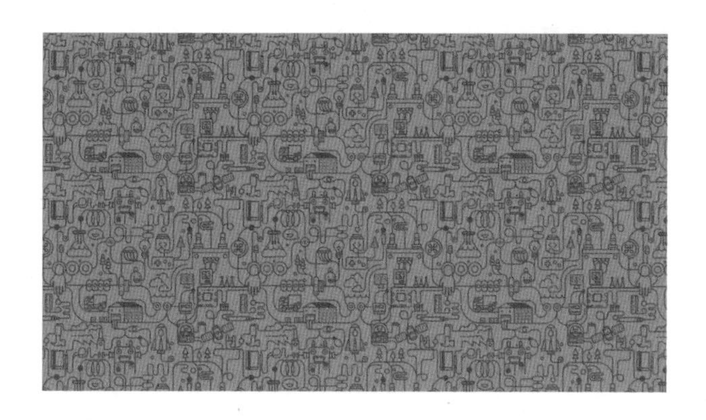

“刻度 X”和“刻度 Y”设为 100% 时，单位图案所占的面积变大了。

在经过简单调色处理的图案打底的页面上简单地写上文字，就能够做出一张细节丰富的 PPT。

5.2 文字

文字是一份 PPT 不可或缺的部分，但也是常常被忽视的部分。

5.2.1 如何选择恰当的字体

PPT 演示分很多场合，各种场合的观众、环境和目标不同，对 PPT 的制作需求也不同。不同的需求自然要求不同的对策，而对策是建立在对各类字体的了解上的。我们通常将字体划分为衬线体和无衬线体两种类型。相对于无衬线体，衬线体的笔画在开始和结束处有额外的修饰，如下图所示。

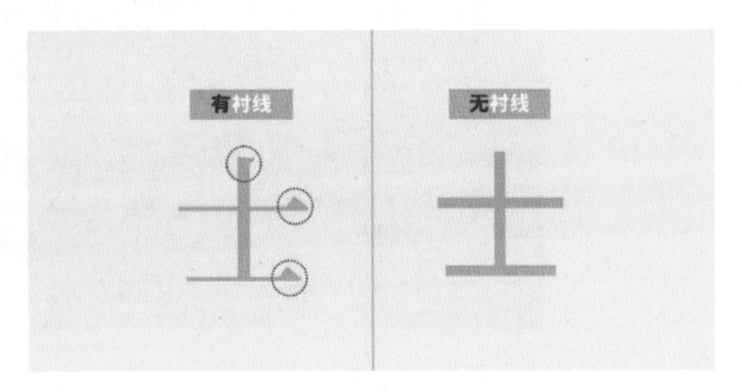

这种分类方法源自西方，应用到中文上则存在划分过于笼统的问题，对字体的选择指导意义不强。根据字体的形态和风格，我们可以将中文字体划分为宋体、黑体、毛笔书法、硬笔手写、圆体、卡通、变体这几类。

各个类别的字体，其观感差别很大，不同场合下应选择不同字体，不同风格的 PPT 也应该使用不同的字体，决定选择哪一款字体的顺序应该是这样的。

（1）分析观众需求，确定 PPT 的风格。

（2）根据风格确定字体的类别。

（3）在该类别中选择特定字体。

文字有自己的风格，其风格应当和演示风格对应起来。如果 PPT 是刚强的，那么字体也应该刚劲有力；如果 PPT 是可爱的，那么字体也应该如此。

提示

计算机操作系统可以识别 TTF、OTF 等格式的专业字体包，直接打开这类文件进行安装，重启 PowerPoint 软件，就能在字体下拉菜单中找到安装的字体并使用了。字体是有版权的，有些字体可以免费商用，有些可以个人商用，而有些需要付费商用，使用的时候需要注意场合和授权。

1 宋体

我们都知道有一种字体叫宋体，它出现在所有 Office 软件的默认设置中，似乎宋体就等于横竖撇捺的组合。其实宋体是一种字体范围，指的是横细竖粗、末端有装饰的一类字体。

它发源于宋朝蓬勃的印刷业，加粗竖线和端点最初是为了减少刻板印刷过程中的磨损。直到现在，宋体字依然是汉字印刷的标准文字。

刚正指数：★★★★★
潇洒指数：★★
简洁指数：★★

下面 2 张 PPT 是宋体的形态案例，所示字体分别是方正风雅宋简体和汉仪字典宋简。可以看出宋体字的文化感比较强，字体方正，每一笔画都有衬线装饰，适合用在严谨、大气的 PPT 中，例如党政和学术类 PPT 就比较适合用宋体字。

2 黑体

黑体的主要特征是横竖的粗细比例相似，就像由矩形构成，横平竖直，它没有装饰性的笔锋和衬线。

它简洁的笔画特征与屏幕介质的特性相融，符合现代人快速、碎片化阅读的需求，因此成为互联网时代最常用的字体之一。

刚正指数：★★★★★

潇洒指数：★★

简洁指数：★★★★★

常用的黑体包括微软雅黑、方正兰亭黑、思源黑体、苹方黑体等。下面 2 张 PPT 是黑体的形态案例，所示字体分别为思源黑体和方正兰亭超细黑。

提示

黑体是一种百搭的字体，简洁易读，特别适合用于 PPT 正文。在科技风、商务风的 PPT 中使用黑体字是一个不错的选择。

3 毛笔书法

毛笔书法是模仿毛笔触感的字体，由创作者书写后编辑并录入计算机中，或者直接用数位板手写创作，还有的是历代书法家的作品的电子化产物。

毛笔书法本身就是一门艺术，如果在排版中搭配得当，这种字体能够呈现出很好的效果。

刚正指数：★

潇洒指数：★★★★★

简洁指数：★

下面 2 张 PPT 是毛笔书法的形态案例，所示字体分别是演示镇魂行楷和汉仪尚巍手书。可以看出，毛笔书法字体非常大气，在发布会、广告宣传等需要快速吸引观众眼球的场合很适用。

4 硬笔手写

硬笔手写字体大多是模仿手写笔触的字体，就像我们用钢笔写的文字被搬到了屏幕上。

刚正指数：★★★

潇洒指数：★★★★

简洁指数：★★

下面 2 张 PPT 是硬笔手写的形态案例，所示字体都是方正硬笔行书。相对毛笔书法字体而言，硬笔手写字体更纤细，给人一种清新的感觉，适合表现亲和力，在旅行相册、个人简历、婚礼等场合适用。

5 圆体

圆体是一种由黑体演变而来的字体，它与黑体的不同之处在于起笔和收笔处都比较圆润。

刚正指数：★★

潇洒指数：★★

简洁指数：★★★★★

下面 2 张 PPT 是圆体的形态案例，所示字体分别是方正兰亭圆和王汉宗特圆体。

6 卡通

卡通字体多为手写体，以表现趣味性为主，有别于楷体、宋体等方正的字体，自成一类。

刚正指数：★★

潇洒指数：★★★★

简洁指数：★★

下面 2 张 PPT 是卡通字体的形态案例，所示字体分别是站酷快乐体和方正喵呜体。幼儿园、小学使用的课件需要有趣味性，因此可以选择卡通字体。此外，在一些需要表现欢快气氛的设计中，将字体设置为卡通体也能呈现出非常棒的效果。

7 变体

某些针对性极强的字体具有很强的个性和装饰性，统称为特殊变体，它们在字形比例或笔画上有创新性的改变。

下面 2 张 PPT 是变体的形态案例，所示字体分别是方正剪纸体和庞门正道标题体。这类字体本身特别具有趣味性，运用在海报、宣传稿中能取得不错的效果。

5.2.2　如何选择恰当的字号

所有的文字大小都应该有特定的意义。在观看 PPT 时，我们一般会先看到标题，因为标题的字号比较大。如果一页 PPT 中正文的字号大于标题或等于标题，就会让观众疑惑，不知道视线应该移向何处。

写学术论文时，我们会按照一定的规则要求，将标题分为一级标题、二级标题、三级标题；正文的字体、字号和行距提前都确定好了，页眉和页脚也有相应的规范，最终的成品从形式上看是整整齐齐的。

做 PPT 的时候为什么就不能有这样一个规范呢？不管是在学校还是在单位，大家做 PPT 时一般都是随意发挥，用心一点的就很漂亮，不用心的就比较糟糕。即使有母版供学生和员工使用，母版通常也只是一张背景图而已，里面的文字该怎样设定少有细致的考量。

在设计一份 PPT 之前，确定一套合适的文字规范，对整体设计风格进行把控，这样更容易做出出彩的 PPT。标题是什么字体，字号多大；副标题是什么字体，字号多大；正文是什么字体，字号多大，行距是多少；备注文字是降低颜色明度，还是缩小字号或用斜体。这些规则最好在设计初期就确定下来。

根据经验，我总结了一组常规商务汇报类 PPT 可以参照的文字规范供大家参考。

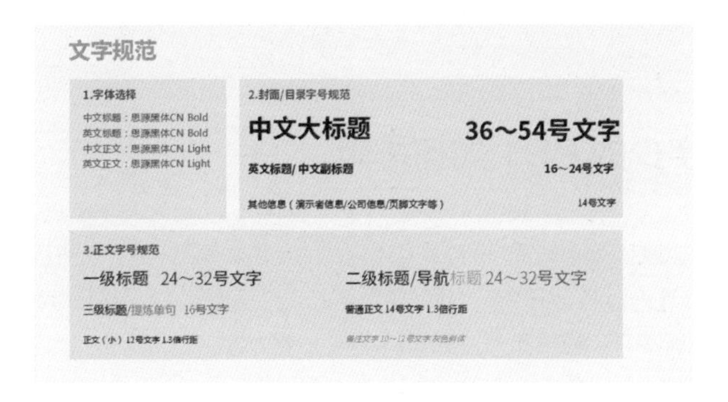

1 字体选择

中文标题：思源黑体 CN Bold。

英文标题：思源黑体 CN Bold。

中文正文：思源黑体 CN Light。

英文正文：思源黑体 CN Light。

2 封面 / 目录的字号规范

中文大标题：36~54 号文字。

英文标题 / 中文副标题：16~24 号文字。

其他信息（演示者信息 / 公司信息 / 页脚文字等）：14 号文字。

3 正文的字号规范

一级标题：24~32 号文字。

二级标题 / 导航标题：24~32 号文字。

三级标题 / 提炼单句：16 号文字。

普通正文：14 号文字，1.3 倍行距。

正文（小）：12 号文字，1.3 倍行距。

备注文字： 10~12 号文字，灰色斜体。

为文字确定不同的字号，能够帮助我们对文字进行层级的划分。相比随手设置一个大小，为不同层级的文字设置不同的字号可以让文本逻辑变得更清晰。

统一的文字标准可以让多页 PPT 之间产生视觉联系，就像阅读一本书的时候不希望相邻两页的字体大小不同一样，观众看到一份 PPT 中的字号变来变去也会觉得难受。

提示

我推荐的字号设置方式只是一个参考，适用于大多数场合，目的是阐明字体和字号选择中应该考虑的问题。读者也可以根据实际需求，总结出一套更适合自己的文字规范。

5.2.3 文字少的 PPT 如何排版

做 PPT 一般会遇到两种情况：一种是有了完整的文稿，要用 PPT 来演示它，这种情况下需要的是精简内容、梳理内容的逻辑关系、挑选最重要的部分呈现出来；另外一种是只有一个主题思想或一个关键词，要用 PPT 来讲述，这种情况下需要扩充内容。

在第 2 种情况下，需要对文字特别少的内容进行设计，这时的排版反而比文字多的时候更加困难。因为文字太少，难以支撑整个版面。如果仅仅放几个文字在页面上而不对它们进行处理，PPT 就会显得很空洞，缺乏视觉冲击力。

对文字比较少的页面，我们可以尝试像下面这样来处理。

1 加强对比

将一个完整的短句单独放在页面中间，页面会稍显单薄。

可以在短句中找到关键词，比如这里将“战斗”作为关键词，为它换个字体并加粗，以便和前面的文字产生字体和字号的对比。

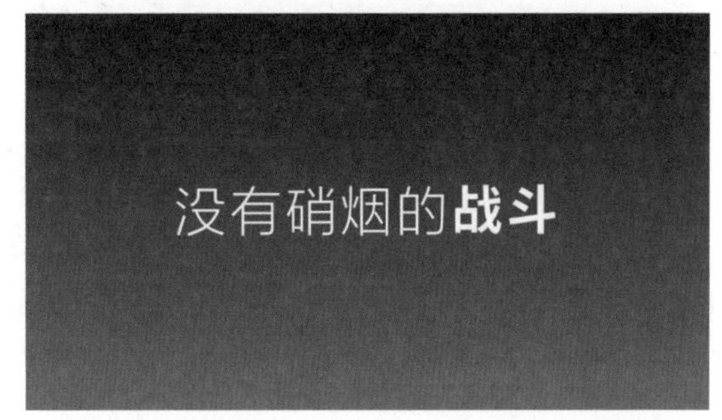

再大胆一点，可以将文字的对比效果更夸张地呈现出来。将“战斗”两个字放大到其他文字大小的两倍以上，再用两行排版的方式替代默认的单行排版，页面的层次感就会变得更强。

提示

要将少量文字设计得比较精致，一个很重要的思路是打造一个视觉锚点。当页面中所有的元素都相同时，观众难以找到重点，也不容易被吸引。当文字之间有大小、粗细的差异时，观众的视线总会被大号的粗体文字所吸引，这样可以在某种程度上增强 PPT 的趣味性。

2 添加背景

页面上只有单独几个文字时会显得空洞，版面率也很低，因为该页面上除了主要信息之外，没有任何辅助。如果能为文字找到风格相匹配的背景，就能有效地丰富 PPT 页面。

这种背景可以是抽象的，如下图所示的圆形、曲线等。

背景也可以是一张具体的图片，如下图所示。

3 加副标题

副标题有时可以起到装饰作用，道理和前文所述的拆分文本以加强对比是一样的。如果针对关键文字能够写出支撑文案，那么直接将其缩小并放在合适的位置即可。

如果没有合适的文案，就将关键文字翻译为英文，也能起到丰富版面的作用。举个例子，我们看下面两页 PPT，很明显，第 2 页加了英文的 PPT 看起来更精致。

提示

除装饰作用之外，正确的英文翻译还能传递一种用心的感觉。这个方法适合用在封面标题、页面导航标题中，在正式的商务场合、学术交流场合中较常用。

4 加形状、线条

形状、线条本身作为一种设计元素，可以起到分割版面、引导视线、制造趣味的作用。在下面的例子中，第 2 页 PPT 只是在文字之间加了几条竖线，页面就变得更有趣了，看起来不再是干巴巴的文字，而像是一个店铺的招牌。

乡 里 乡 亲

乡|里|乡|亲

对于少量文字而言，还有一个有用的小技巧是加框线。用形状把文字框起来，能够让视线聚焦于框线之内。

5.2.4　文字多的 PPT 如何排版

在大多数情况下，文稿出现在 PPT 之前。比如，老板提供一个 Word 文档，让你做一份 PPT，还说：“每个字都很重要，尽量不要更改。”

结果是，做出来的 PPT 就像是分页的 Word，大段文字堆叠让人昏昏欲睡。

我们都知道制作 PPT 的软件是 PowerPoint，Mac 系统中相似的软件叫 Keynote。PowerPoint，顾名思义，它能让你的观点更加有力。Keynote，是对关键点的笔记。这两个软件是用来制作重点和观点明确的可视化演示文稿的，而非详尽的工作报告。

PPT 的滥用存在于多个行业，无论什么项目、何种场合，成果都是一份 PPT，制作好 PPT 后既可以照着讲，也可以打印出来当作成果。但这样做的效果极差，演示中观众的视线就跟着演示者的话语在文本中晃来晃去，直至睡着。打印出来的 PPT 也不像专业的文本、图集那样条理清晰、覆盖全面。

介绍他人

• 介绍他人时，最重要的礼仪问题是先后顺序。标准做法为：介绍双方时，先卑后尊。根据规则，为他人作介绍时的商务礼仪顺序大致有以下几种：
1、介绍上级与下级认识时，先介绍下级，后介绍上级。
2、介绍长辈与晚辈认识时，应先介绍晚辈，后介绍长辈。
3、介绍年长者与年幼者认识时，应先介绍年幼者，后介绍年长者。
4、介绍女士与男士认识时，应先介绍男士，后介绍女士。
5、介绍已婚者与未婚者认识时，应先介绍未婚者，后介绍已婚者。
6、介绍同事、朋友与家人认识时，应先介绍家人，后介绍同事、朋友。
7、介绍来宾与主人认识时，应先介绍主人，后介绍来宾。
8、介绍与会先到者与后来者认识时，应先介绍后来者，后介绍先到者。

因此，我们需要对文字多的 PPT 进行精简，对大段文本进行精简就是改变字多这种状况的核心方法，可以总结为 4 个步骤，具体如下。

（1）理：梳理文字。

（2）层：建立层级。

（3）变：变化表达方式。

（4）藏：隐藏描述。

举个例子，下面是一页有着大段文字的 PPT。

我们对区域标志性消费客群进行了调查和预判。此区域客群主要分为3种类型。第一种是家庭型客群，30~50岁有小孩，积累了丰厚物质基础，注重消费的品质。偏好儿童类业态（儿童教育培训、娱乐、零售），品质餐饮（本土餐饮、西餐），中档零售，文化教育类活动（书店、剧场等）。第二种是商务客群，30~45 岁商务人士，企业初级、中级管理层，社交活动频繁，外出就餐率高，开车族，注重消费的便捷性。偏好本土餐饮及休闲轻餐，商务休闲服饰，主要参加和朋友聚会的娱乐活动（电影、KTV、酒吧等），关注健康常管理（体检中心、牙科）。第三种是年轻客群，16~24 岁，在读大学生或初入社会的人士，喜欢“网红”类产品，注重消费的体验感，消费频率高。偏好都市休闲及运动服饰，时尚餐饮（本土餐饮、融合料理日韩等），体验类娱乐。根据调查，这部分客群将成为区域消费的主力。

1 梳理文字

如果长篇大论中有重点，就梳理出文本中的重点文字，用加粗、调整字号、字体对比、变颜色、加下画线或斜体的方式突出重点文字。这是处理文本的第 1 步，做完这一步，页面已经算得上重点突出了。

我们对**区域标志性消费客群**进行了**调查和预判。此区域客群主要分为3种类型。**第一种是**家庭型客群，**30~50岁有小孩，积累了丰厚物质基础，注重消费的品质。偏好儿童类业态（儿童教育培训、娱乐、零售），品质餐饮（本土餐饮、西餐），中档零售，文化教育类活动（书店、剧场等）。第二种是**商务客群，**30~45岁商务人士，企业初级、中级管理层，社交活动频繁，外出就餐率高，开车族，注重消费的便捷性。偏好本土餐饮及休闲轻餐，商务休闲服饰，主要参加和朋友聚会的娱乐活动（电影、KTV、酒吧等），关注健康常管理（体检中心、牙科）。第三种是**年轻客群，**16~24岁，在读大学生或初入社会的人士，喜欢“网红”类产品，注重消费的体验感，消费频率高。偏好都市休闲及运动服饰，时尚餐饮（本土餐饮、融合料理日韩等）。体验类娱乐，根据调查，**这部分客群将成为区域消费的主力。**

2 建立层级

在梳理文字的基础上，找寻其中的逻辑关系，建立相应的层级。如果要让观众很快了解重点内容，有一个技巧很有用，就是归纳每页 PPT 的结论，以简短的句式将它讲出来。在本例中，这句话就是“区域标志性消费客群将以年轻客群为主”，随后再讲客群由哪 3 部分组成。

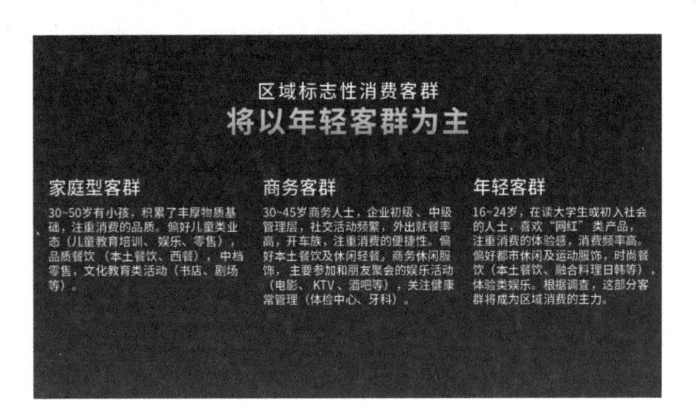

再将内容进一步梳理，还会发现每种客群有自己的特性和偏好，随后就可以通过设计上的视觉对比建立层级。结论作为标题，视觉上也是最显眼的，然后是 3 种客群的名称，它们的字号更小一点，但通过反白处理也很显眼，此外，还有引导性的小标题“特性”和“偏好”，供感兴趣的观众快速定位内容，最后才是正文，正文采用轻量级的无衬线字体，不会抢夺注意力，但也保证了可读性。到了这一步，一份逻辑清晰的演示文稿就已经完成了。

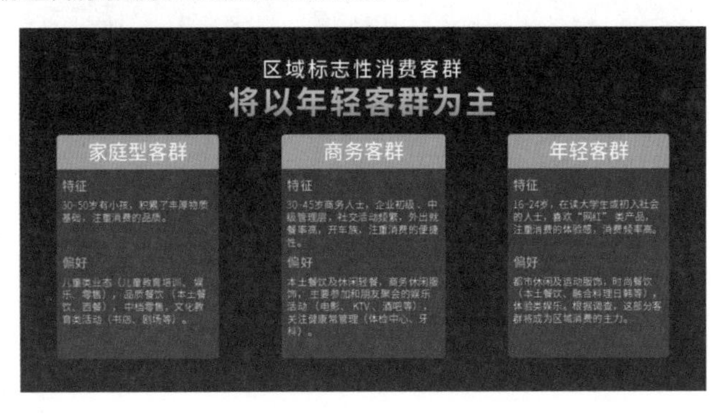

3 变化表达方式

建立层级之后，可以考虑用设计手法来优化页面的视觉效果。例如下面这页 PPT 将内容排布方式由常规的从上到下、从左到右变化为从中心到边缘，且添加对应的图标。完成了这一步，一份设计精良、图文并茂的 PPT 便诞生了。

4 隐藏描述

以上 3 个步骤都还处在对文字的排版进行更改的阶段。如果要彻底让 PPT 改头换面，可以将烦琐的描述隐藏起来。

文本越详细并不代表工作越完美。相反，隐藏烦琐的文字描述能够让观众的注意力更加集中在演示者身上，PPT 页面只进行简单的关键句和关键词提示，这样的演示会更精彩。

之所以说是隐藏而不是删除，因为你可以将这些描述性文字放到备注中，这样在演示时，用于播放 PPT 的计算机上就能够看到这些文字，而投影屏幕上则看不到。

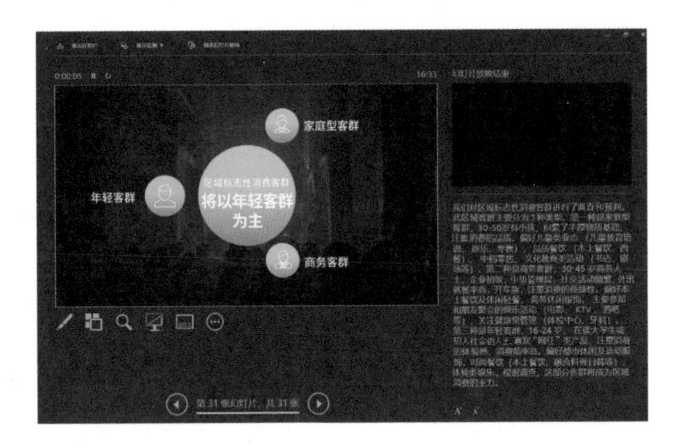

5.2.5 制作有创意的文字

文字首先是一种形状，然后才是信息的载体。既然是一种形状，那就可以有变化。通过 PowerPoint 软件，我们能设计出很多有创意的文字，下面介绍几种常用的创意设计方法。

1 穿插文字

让文字和图像主体之间产生明显的前后关系，通常是文字压在图片之上。这是一种非常简单的方法， 但是能够产生很好的效果。

我们还可以尝试将文字穿插在画面的主体中。穿插设计的制作关键，是将本来在页面后层的元素移到页面的前层。要实现这种移动，一种情况是页面后层的元素本身就是一张透明的 PNG 格式的图片，将其直接放置在最前面就行了；另一种情况是页面后层本身是一张不透明的图片，那就需要选出应该移动到前面的部分，通过抠图的方式将其抠取出来并放置在前层。

PPT 中的文字和图片常常呈现“两张皮”的状态，既相互隔绝又相互争夺，主要原因是我们在设计 PPT 时，很少将背景和文字结合起来考虑。调整之后，画面的层次感变得更加丰富，页面主体更加清晰，版式也变得非常有趣。图片和文字应该是相辅相成的，而不是相互竞争、抢夺注意力。

提示

抠图有很多种方式，我们可以采用 PowerPoint 中自带的删除背景功能来抠图，这个小技巧在前面已经讲过。此外，PowerPoint 的布尔运算中的相交运算也能用来抠图，这个在后面会讲到。

2 填充文字

用图片、色彩、纹理来填充文字，能够让标题变得更加有设计感。白底黑字或黑底白字都很简洁，也很易读。

如果我们想改变文字填充的纯白色，变一下感觉，就可以向文本中填充纹理、材质类的图片，具体的操作步骤如下。

步骤 01 选中文字，右击，在弹出的快捷菜单中选择“设置形状格式”命令。

步骤 02 在“设置形状格式”面板中，有“形状选项”和“文本选项”两个选项区，打开时默认在“形状选项”下，我们需要切换到“文本选项”中，然后选择“图片或纹理填充”单选项。

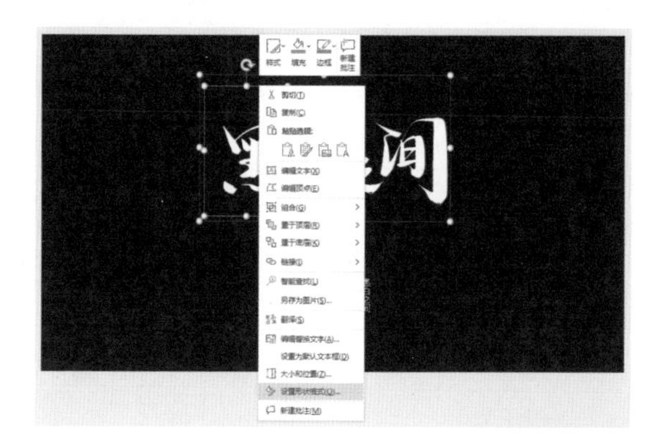

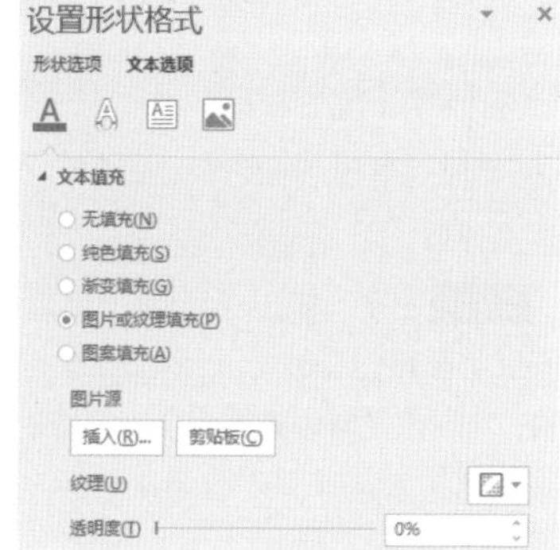

步骤 03 在“图片源”处单击“插入”按钮，然后在本地计算机中选择一张预先准备好的金属纹理图片，填充后的效果如右图所示。

3 渐变文字

除了用图片来填充文字外，用渐变的色彩来填充也是一个不错的选择，具体的操作步骤如下。

步骤 01 将文字拆分为独立的个体，一个文本框一个字。

步骤 02 选中第 1 个文字，右击，在弹出的快捷菜单中选择“设置形状格式”命令，在参数面板的“文本选项”下选择“渐变填充”单选项。

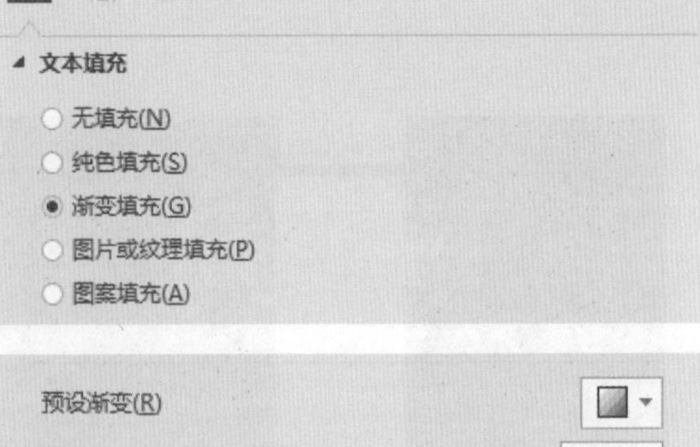

步骤 03 渐变“类型”设置为“线性”，“角度”设置为“0°”。添加 4 个渐变光圈，“颜色”皆填充为白色，但透明度逐渐升高。本例中，“透明度”分别为“0%”“10%”“73%”“100%”。

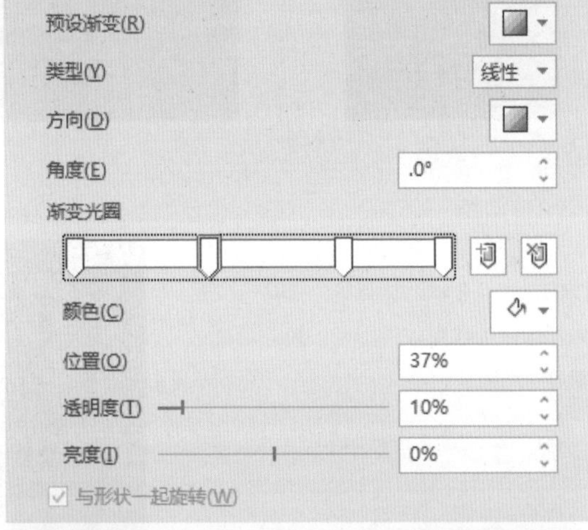

步骤 04 设置完成后，第 1 个文字呈现出右图所示的效果。

步骤 05 用格式刷将其他文字的样式统一即可得到右下图所示的效果。

在填充理念中，文字是一个容器，我们既可以根据文字的内容，也可以根据页面的风格为文字填充不一样的元素。

5.3 配色

5.3.1　色彩三要素

在描述色彩时，我们会用“她今天穿了一件暗红色的衣服”这样的语言来形容。在数字化时代，有很多用精确数字定义的色彩模式，常用的色彩模式有 RGB、HSL、CMYK、LAB 等，其中 HSL 最符合我们的语言描述习惯。

H 表示色相，S 表示饱和度，L 表示亮度。这三者也被称为色彩的三要素。色相就是色彩所呈现出来的质地、面貌，是区别各种不同的色彩的最准确的标准。我们通常所说的红色、蓝色、黄色，指的就是色相。其实自然界中的色相是无限丰富的，如紫红、银灰、橙黄等。

将所有人眼可见的色彩用圆环的形式表现出来，就是色相环，也叫色轮。

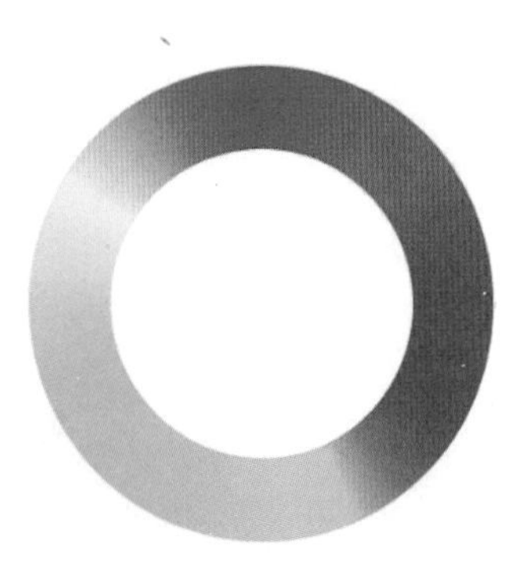

饱和度也叫色彩的纯度，表示色彩中有色成分的比例。含有色成分的比例越大，则色彩的纯度越高；含有色成分的比例越小，则色彩的纯度就越低。

可见光谱的各种单色光是最纯的颜色，为极限纯度。当一种颜色掺入黑色、白色或其他彩色时，它的纯度就会产生变化。通俗地讲，纯度高的色彩更加鲜艳，下页图中越靠近左边的色彩纯度越高。

亮度表示色彩所具有的亮度和暗度。明度高则色彩明亮，明度低则色彩暗淡。当明度为最高时，色彩为纯白；明度为最低时，色彩为纯黑。下图中，越靠近左侧，色彩的明度越低；越靠近右侧，色彩的明度越高。

5.3.2 配色基本原理

理解三要素，是色彩搭配的基础。可见光的颜色有无数种，将其连在一起而形成的色轮暗藏着色彩之间的相互关系。利用色轮可以科学地对色彩进行搭配。

1 单色搭配

一种色相的明度可以高也可以低，挑选同一种色相中不同明度的色彩，就形成了单色搭配。这种搭配在设计中应用时，出来的效果通常都不错。

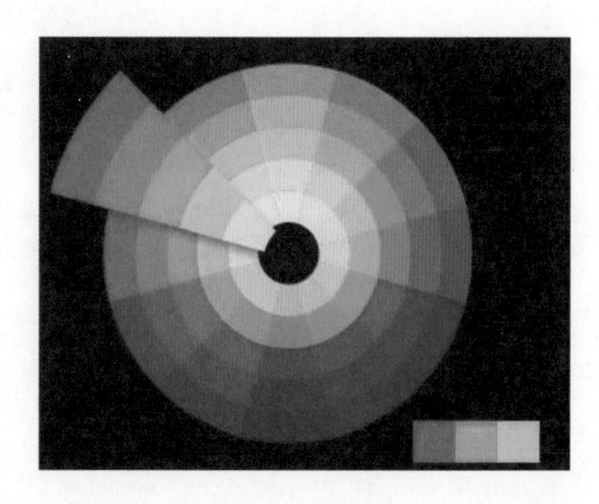

2 类比色搭配

相邻的色彩我们称其为类比色，类比色都拥有类似的气质。这种色彩搭配会产生一种低对比度下的和谐美感。

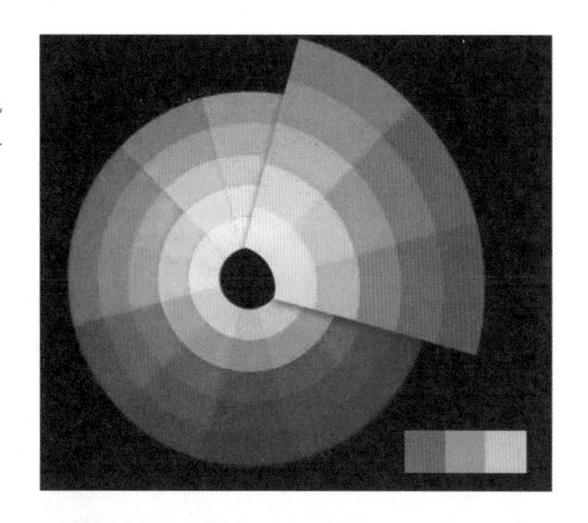

3 补色搭配

在色轮上处于对角线位置的两种色彩互为补色，如右图所示，橙色和蓝色就是补色。补色可以形成强烈的对比效果。补色要达到最佳的效果，最好是其中一种所占的面积比较小，另一种比较大。

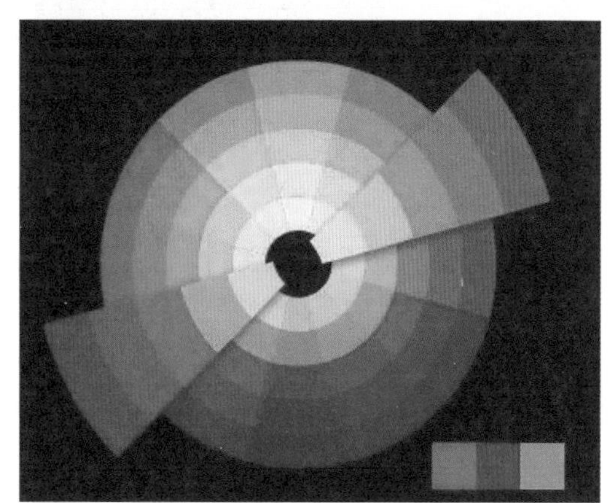

4 分裂补色搭配

同时用补色和类比色来确定色彩关系，就称为分裂补色。这种色彩搭配既具有类比色的低对比度的美感，又具有补色的强烈对比感，形成了一种既和谐又有重点的色彩关系。

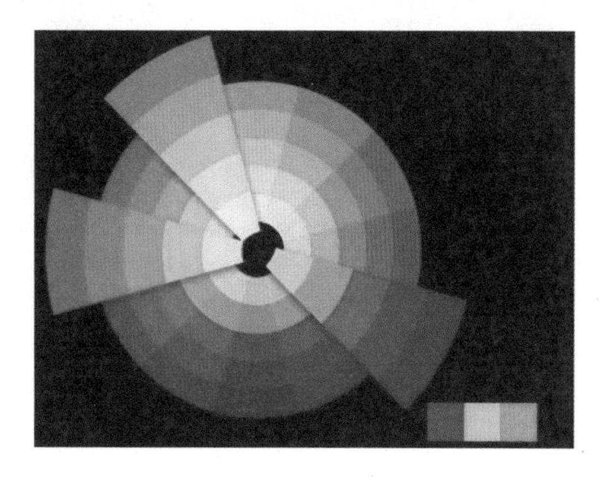

5.3.3 配色案例

不同的颜色有不同的性格，能给人不同的感受。配色是一个相对主观的东西，针对同一个内容，不同的人能搭配出不同的颜色。例如基于下面这张图片，我们能搭配出不一样的风格。

以暗色为主色，近似牛的颜色能够打造出庄重的感觉，这样的配色在肉制品包装中比较适用。

以大面积草坪的颜色为主色，颜色似乎和草地融为一体，这样的配色显得清新自然，适合用在乳制品的宣传中。

以天空的蓝色为主色，营造理性的感觉，这样的配色适合用在企业宣传中。

值得注意的是，这 3 个颜色都是在图片中本来就存在的，我们只是将其挑选出来而已。依据图片本身的颜色来确定 PPT 的颜色不仅是一个讨巧的手法，也是符合设计规律的。本身就存在于图片中的颜色，不会和图片产生强烈的冲突，画面整体会显得十分协调。PowerPoint 软件中的取色工具可以帮助我们很便捷地吸取图片上的颜色。

具体操作步骤如下。

步骤 01 在 PPT 中绘制一个形状，以矩形为例，并插入我们希望从中吸取颜色的图片。

步骤 02 选中这个矩形，软件菜单栏中就会自动出现“形状格式”选项卡。在选项卡中单击“形状填充”按钮，其下拉菜单中有一个“取色器”功能。

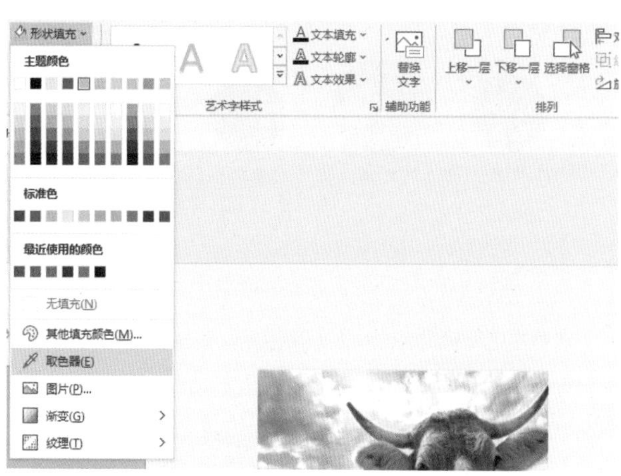

步骤 03 单击“取色器”后，鼠标指针将变为吸管的形状，将鼠标指针移动到希望吸取颜色的位置，再次单击即可。例如，我们将鼠标指针移动到天空处，就能吸取天空的蓝色来填充形状。

上面这个例子让我们了解到选择主色是主观的，也是需要考虑是否和主题相互搭配的。在确定主色之后，对其明度、饱和度进行调整，就得到了一组颜色，这就是单色搭配。

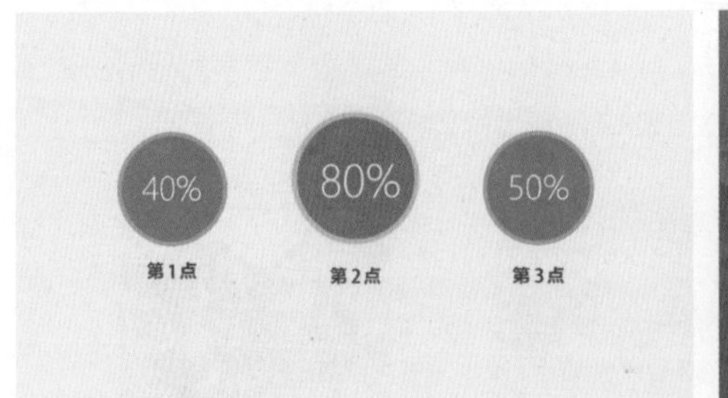

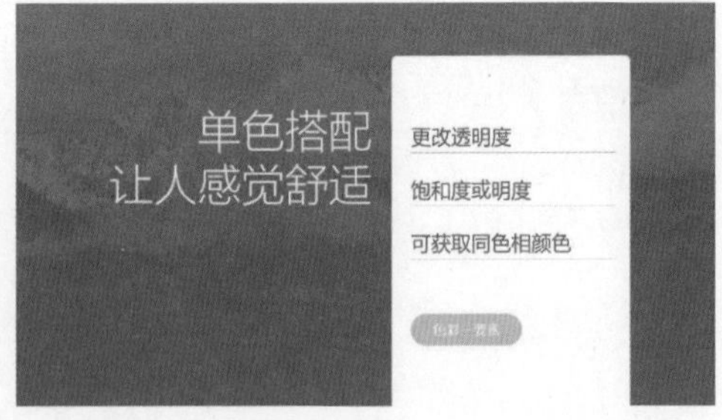

找寻它在色轮上的对角线位置的颜色作为辅助色，就是补色搭配。

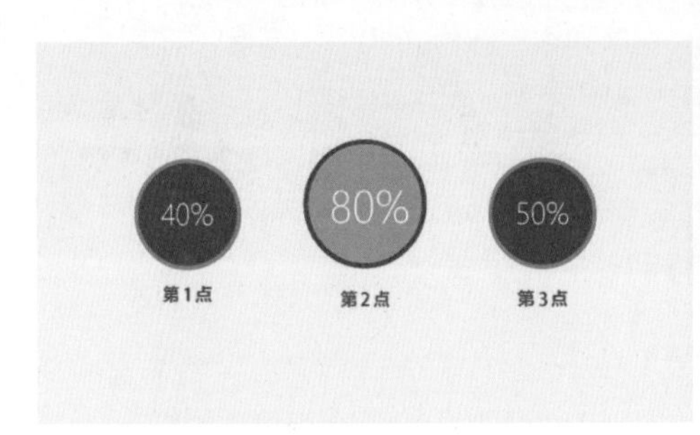

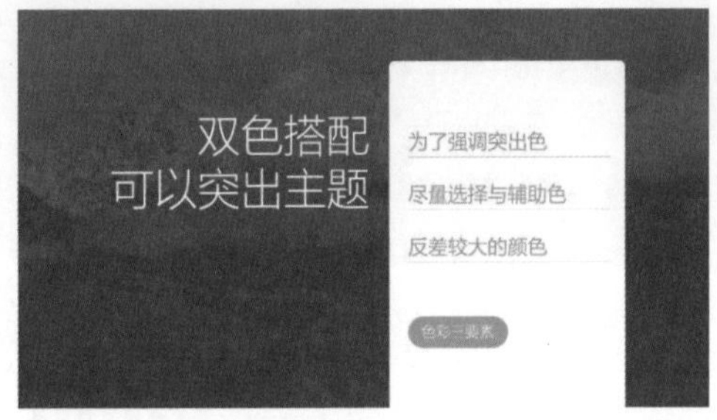

注意主色和辅助色之间的面积关系，一般起到突显作用的颜色所占面积都比较小。换个颜色搭配，也是同样的道理。

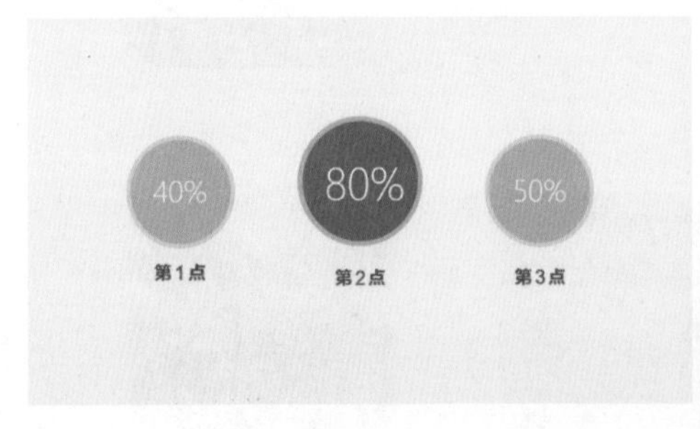

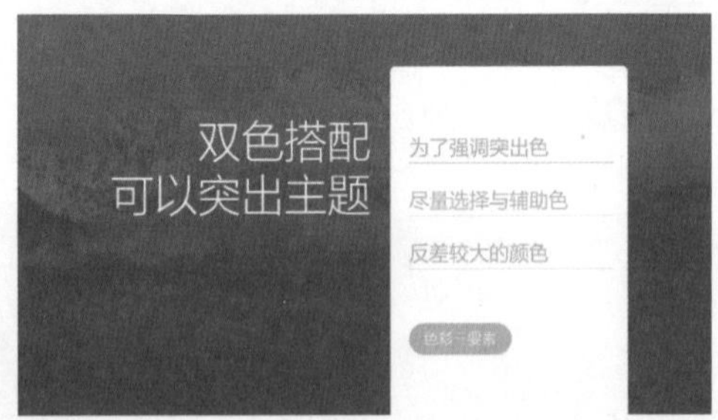

5.3.4 如何让配色显得高级

每种色彩都会给人不同的心理感受。比如，一般认为紫色代表神秘，蓝色代表迷离与空旷，红色代表热情与危险，绿色代表生命等。色彩并没有高下之分，我们常说某种色彩高级，其实更多地是指这种色彩比较流行。

当然，了解这类流行色背后的原理对设计 PPT 大有裨益。类似于下图中的颜色，闲适而谦和，传递的情绪少，让人感觉安定。

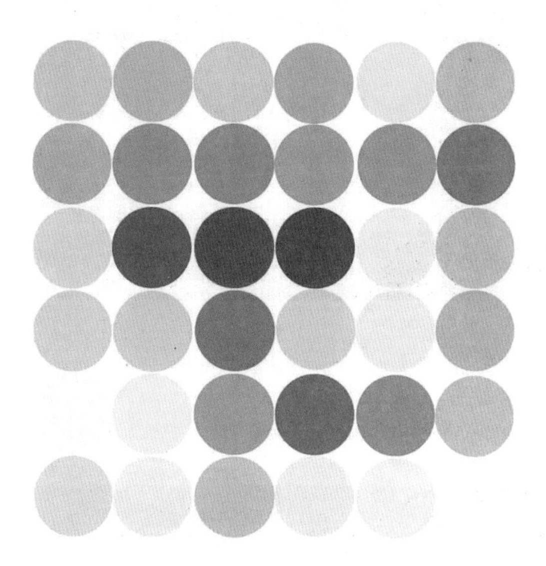

其实它们都有一个共同的特征，那就是饱和度较低，即它们在纯色中添加黑色或白色的比例较高。分析这类色彩的三要素，我们可以看出它们的第 2 个数值，即饱和度都在 100 以内（在数字表达中，饱和度以 255 为上限）。然后我们将饱和度都提升为 255，可以看出色彩变了一种风格，变得更加鲜艳了。

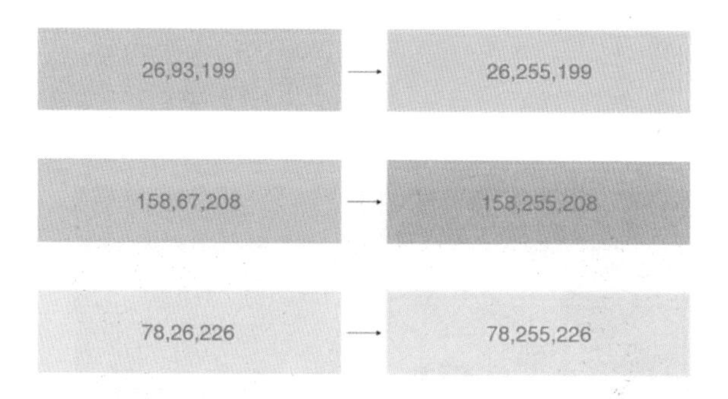

此外，通过取色工具，我们可以非常容易地从优秀的设计作品、摄影作品中去获取自己喜欢的色彩搭配。在长期的实践中，一些色彩组合固化为文化的一部分，可以供我们在制作 PPT 时参考借鉴。

例如蓝色和黄色的搭配，是自然界中常见的冷暖色搭配。

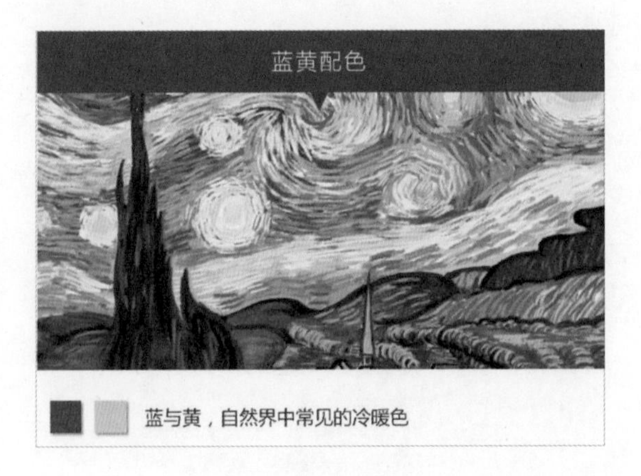

源自北欧的低饱度和配色，已经走出了室内设计的领域，也从北欧走向了全世界。

蓝色和青色的搭配，弥漫着古典的味道。

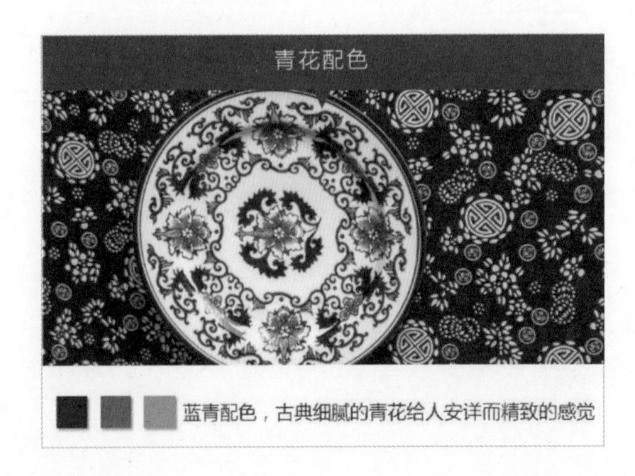

5.3.5　渐变色的应用

渐变色指物体的色彩由一种过渡到另一种。在 PowerPoint 软件中，为形状或线条填充色彩时，选择“渐变填充”，并赋予“渐变光圈”不同的色彩即可实现渐变填充效果。

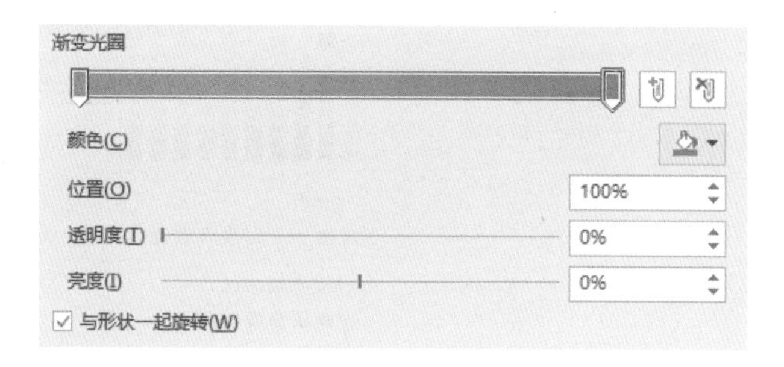

这个过渡可以是色相的过渡，也可以是明度、饱和度的过渡。对于新手而言，渐变是一个不太容易掌握的操作，一不小心就容易变成下面这样。

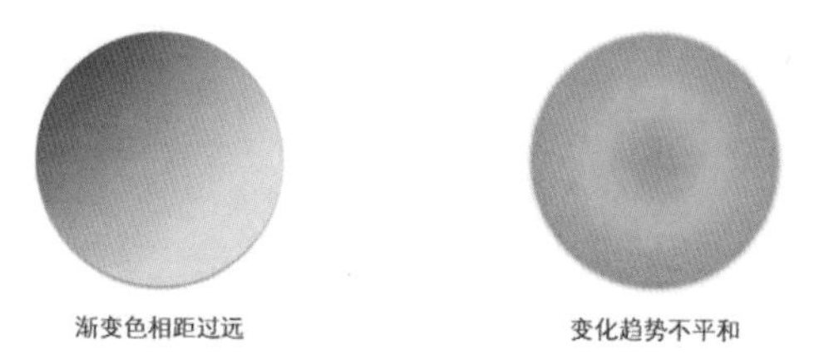

做出和谐渐变效果的技巧在于，选取的渐变色要在色轮上相邻或距离不远，并且渐变色要呈现某种线性关系，变化趋势平和而不突兀。

相较于单色，渐变看起来更有活力，常常用在时尚设计中。根据之前讲到的色彩三要素，固定两个要素不动，然后只修改其中的一个要素，就能够做出很不错的渐变效果来。举个例子，固定明度和饱和度，然后修改色相。

步骤 01 在 PPT 中绘制一个形状，为其选择“渐变填充”单选项，渐变填充的“类型”设为“线性”，“角度”设为“90°”，设置 2 个“渐变光圈”。

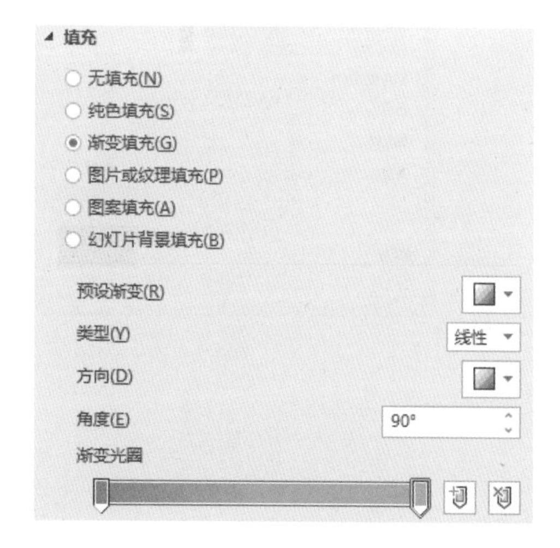

步骤 02 选中第 1 个渐变光圈的滑块，在“颜色”选项的下拉菜单中单击“其他颜色”命令。

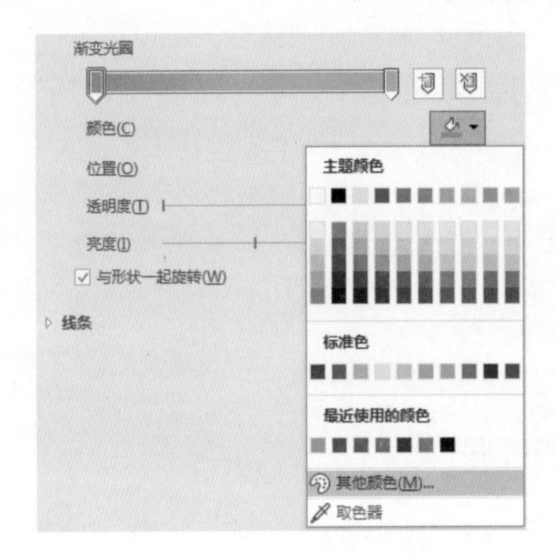

步骤 03 在弹出的对话框中单击“自定义”选项卡，然后单击“颜色模式”右侧的下拉按钮，把色彩模式切换为“HSL”模式。第 1 个颜色的“色调”设置为“140”，“饱和度”设置为“170”，“亮度”设置为“120”。

步骤 04 第 2 个颜色的“色调”设置为“100”，其他保持不变。

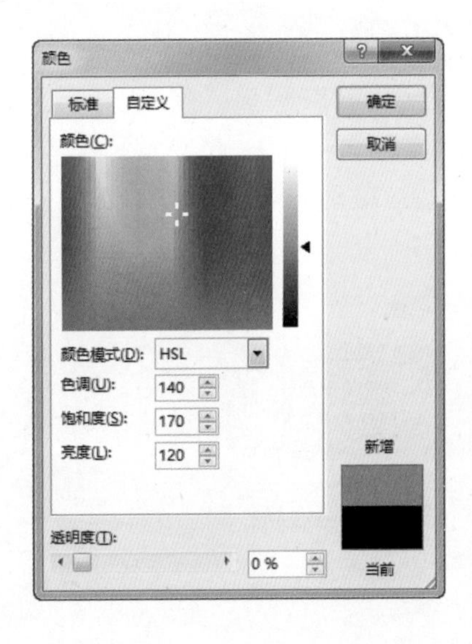

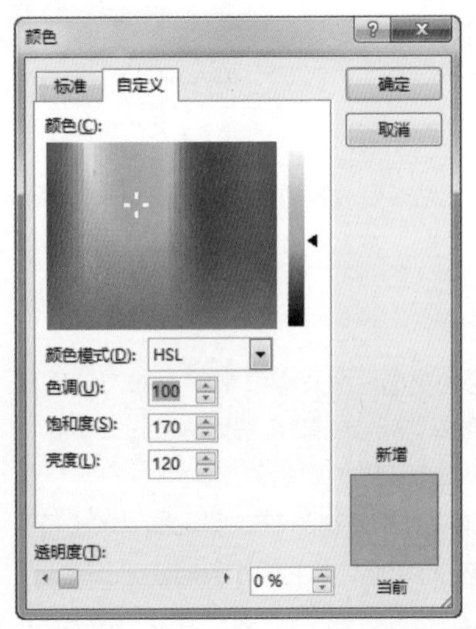

这样就能得到一个不错的渐变效果，看起来过渡很自然。

使用这样的渐变技巧，我们容易得到出彩的设计。

遵循固定明度和饱和度、只变化色相这一规律，我们可以做出一系列渐变效果。

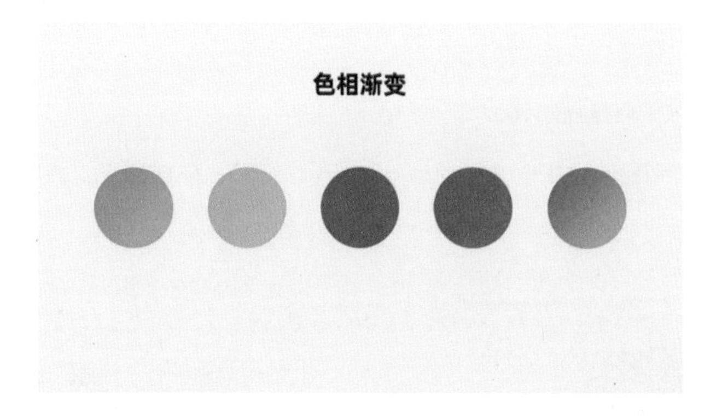

PowerPoint 软件自带的渐变功能，只能做出线性、射线等具有明显方向性的渐变效果。使用图片的“虚化”功能，我们能够做出炫彩的渐变效果，如下图所示。

上图这种渐变效果的具体操作步骤如下。

步骤 01 为 PPT 填充底色。

步骤 02 在底色之上绘制多个形状并分别填充底色。

步骤 03 将这页 PPT 储存为图片格式。

步骤 04 将这张图片重新插入 PPT 中，并且缩小到一定的程度，右击该图片，将其另存为图片。

提示

上述两步操作比较关键，重新把图片插入 PPT 中并缩小，其目的是让图片的分辨率变得更低，这样它在虚化后会有更好的效果。

步骤05 将这张图片拖至全屏大小，我们会发现色块的边缘有些模糊，这是由于色块已不再是形状，而是一张放大的图片。

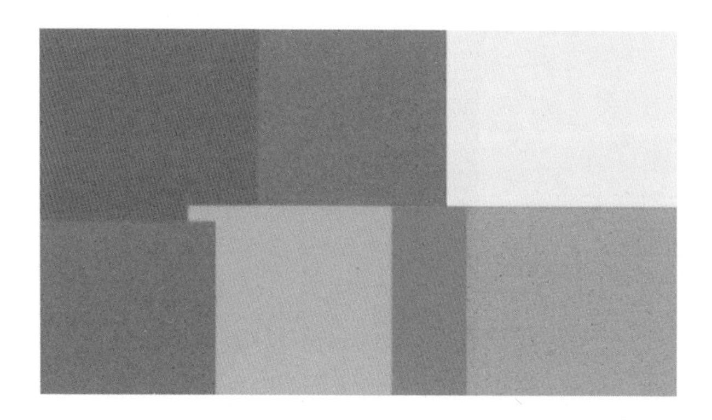

步骤06 选中图片，在“图片格式”选项卡中单击“艺术效果”按钮，在弹出的下拉菜单中选择“虚化”效果。

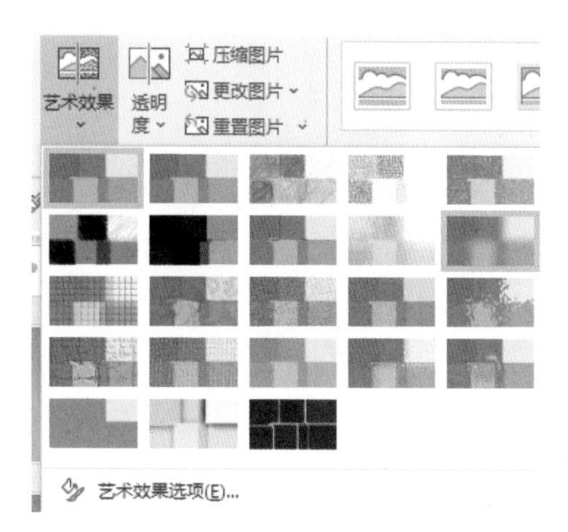

此时，色块将变得更模糊，但还没达到我们希望的效果。

步骤 07 选中图片，在打开的“设置图片格式”参数面板中单击代表效果的五边形图标，虚化半径的调整就隐藏在“艺术效果”选项中。

把虚化效果的“半径”调整到“100”，就会出现如下右图所示的效果。

这种类型的渐变图片可以作为背景，在上面直接插入文字就能得到一种光影变化的效果。

我们也可以在渐变背景中插入一张图片，这种手法在广告、发布会中十分常见。

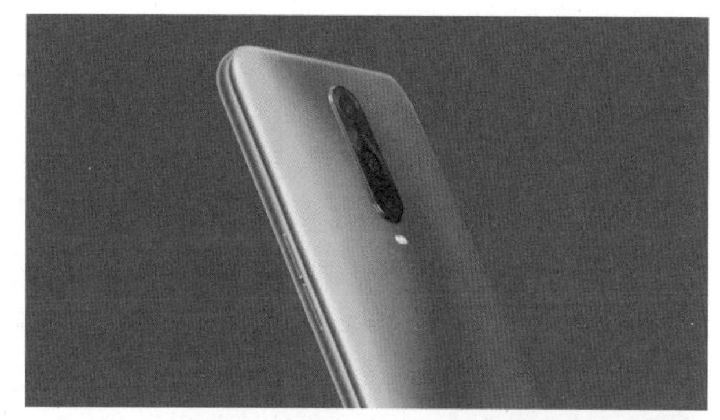

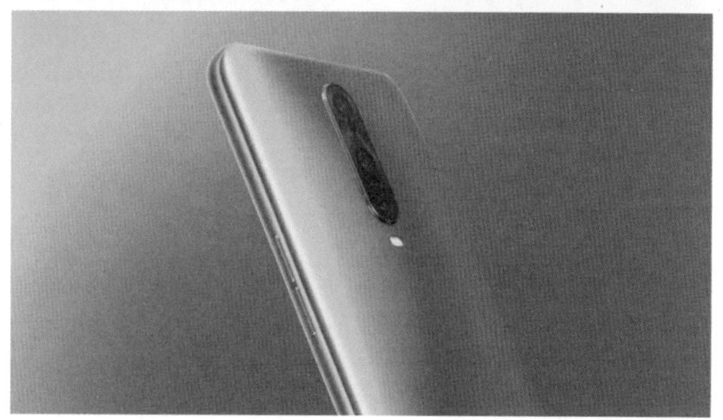

我们还可以在渐变图片中截取一部分来使用。

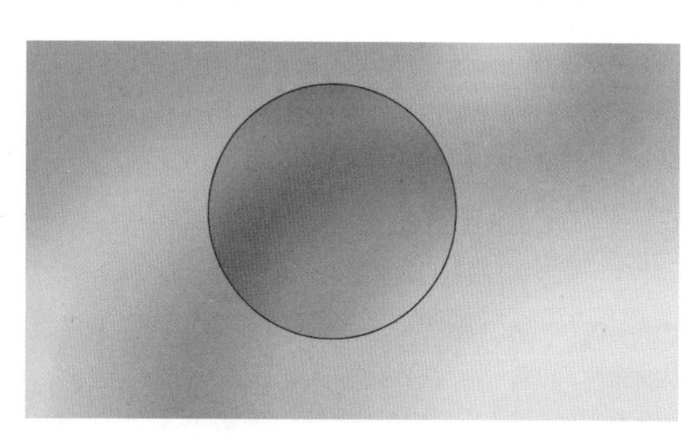

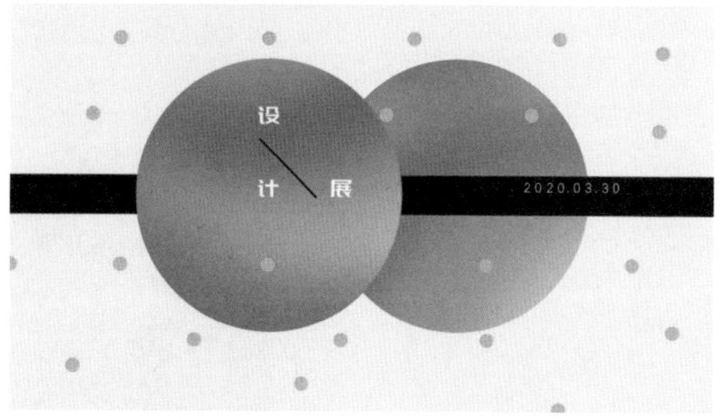

还可以通过渐变来重构图片，打造出一张抽象海报。

此外，作为蒙版使用时，不规则的渐变效果能够大大提升设计感。右边这张图片是我随手在路边拍的，它平平淡淡的，很容易被冷落。但是，按照之前介绍的方法，将其处理为渐变效果。盖在图片之上，调整一下透明度，设计感立刻大大提升。

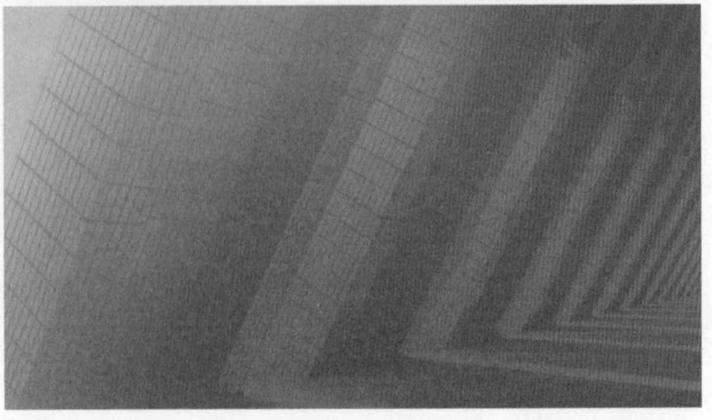

5.4 形状

对形状的灵活使用，可以说是 PPT 新手和高手的分水岭。形状不仅仅是矩形、圆形、方形和三角形这几种，光是 PowerPoint 软件内预设的形状就有 100 多种，运用曲线工具、任意多边形、布尔运算等功能，在 PPT 中能够绘制的形状变为无穷多。从理论上讲，PowerPoint 软件内置的工具能够绘制出任何形状，再配合填充功能就能衍生出更多变化，因此形状是实现多样化创意的一大利器。

5.4.1　加一条线让 PPT 大不同

一条路可以简化为一条线，它代表了延伸；一面墙的剖面是一条线，它代表了阻隔；任何东西的轮廓，都是一条线，它是框架；流星划过天际的运动轨迹也是一条线，它划出了时间。

所有平面元素都由点、线、面构成，平面设计就是在平面上布置它们，线条可谓高度抽象的形状，简单中却蕴含着巨大的力量，只是加一些线条，也许就会让你的 PPT 发生巨大的改变。

以下面这一页 PPT 为例，我们来看一看线条的神奇作用。

第一，线条可以加强元素的对齐效果。在对齐的元素旁边再加一条线，能够强调这种对齐关系。线条就像一面墙，元素都靠在墙上，不容易倒下。

第二，线条可以引导视线。当我们望着一条路的时候，总想知道路的尽头是什么；当我们看到海天交界线的时候，也总想到天涯海角看一看。路和天际线都是线条，线条总是能够引导人的视线。在平面设计中，用线条来引导观众的视线，是一种屡试不爽的方法。

第三，线条可以平衡画面。当然不只是线条可以平衡画面，所有的几何元素都可以用来平衡画面，只是线条是其中最为简洁的一种形式。

第四，线条能够帮助体现逻辑。这是一个很有用的小技巧，在标题和正文之间加一条线，能够很好地强调标题，并且能让设计更加精致，信息的层级更加分明。这条线将标题和正文分割成两个部分，通过设计语言很明确地告诉观众，这两个部分是相互分隔的。

5.4.2　用形状统一元素

1 作为区域划分的形状

在制作 PPT 时，我们经常需要对多个元素进行并列排版。例如介绍公司的合作伙伴时，会将合作伙伴的 Logo 并列排布在一页 PPT 上；介绍产品应用范围时，会将多张应用场景的图片排布在一页 PPT 上。

当一页 PPT 里出现很多元素时，我们总是很难去规整。具体排版时，会遇到以下情况。

首先是格式不同，原始资料中的图片往往有多种格式，有些是带白底的 JPG 格式的图片，有些是透明的 PNG 格式的图片，有些是矢量格式的图片。

其次是样式不同，多张图片之间的大小、颜色、横纵比往往有差异。图片的风格也不同，就像右边这页PPT 中，有实拍图，有概念图，还有线稿。

为了表示内容之间属于并列关系，我们只需要将它们的视觉效果设计成一致的就行了。相同的形状明确地告诉了我们元素之间存在相等的关系，这是基本思路，也是选择设计手段的指导思想。

可以这样理解：两个同样的杯子，一杯倒入可乐，一杯倒入雪碧，我们会说它们是两杯“饮料”。容器赋予了元素新的性质，容器若相同，则元素的性质也相同。

在 PPT 里，这个容器就是形状。如下图所示，我们将页面划分为多个矩形，然后把图片放在这些矩形里，整个页面一下变得整整齐齐。

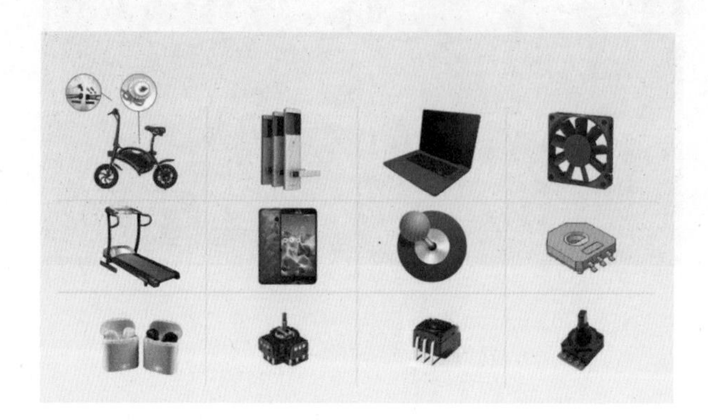

将页面划分为一个个版块，形状之间自然地留有间隙，例如上图依靠矩形完成的排版可以确保页面中各个元素之间有一定的间隙。在 PPT 中，我们常常使用多个大小相同的形状界定元素之间的平等关系，并增强页面的设计感，如下面两图所示。

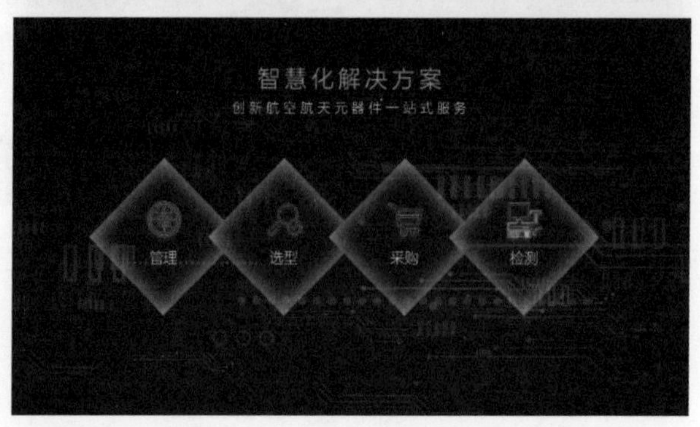

需要打印的物料，一般不会在页面中满铺元素，因为这些处在页面边缘的元素有可能被裁掉。在设计打印稿时，设计师必须考虑这种可能被裁掉的风险，并预留足够的“出血”。但 PPT 是在屏幕上展示的，将形状或图片延伸至页面边缘，往往会有不一样的视觉效果。

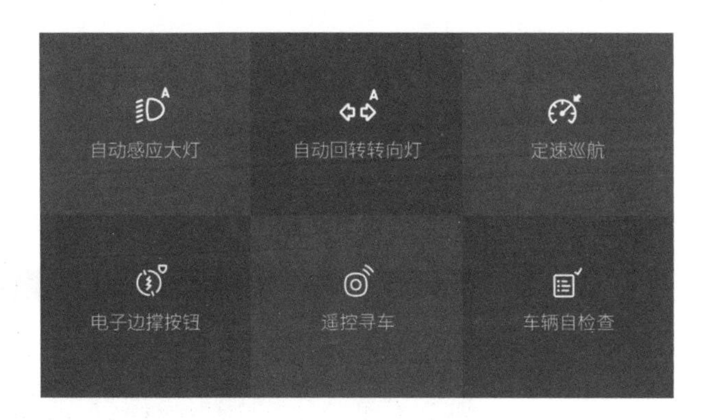

在现实中大小差异很大的物体，在平面中排版时也可以用形状来对它们进行统一。在下面这一页 PPT 中，衣物、袜子和手表是体积差异很大的物品，所以通过将它们装在同样的形状内来表现它们具有共同的属性。

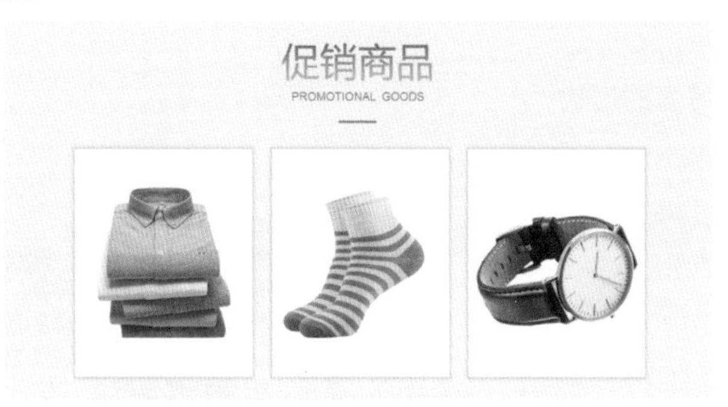

形状除了能够统一图片外，还能统一文字。将形状作为衬底置入 PPT 中，就形成了我们常用的逻辑关系图。它可以让视线的移动变得更加自然，也可以让页面的版式变得更加明确。

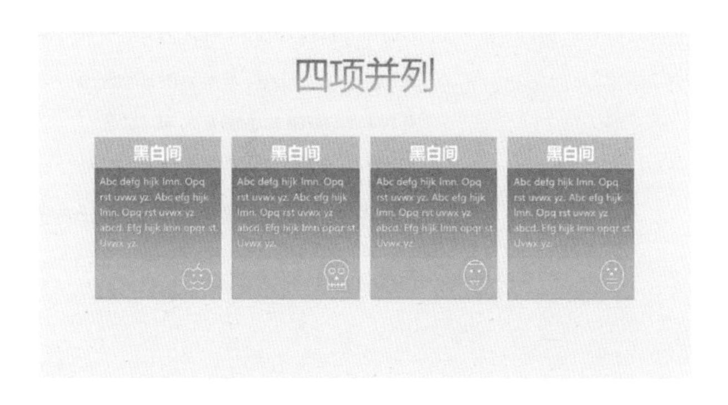

同样将形状应用到图标上的效果更加明显。单独插入一个图标，页面会显得过于单薄，多个图标之间看起来差异也比较大；而用圆形将其框起来，页面一下就变得很整齐了。

当然，我们也可以在形状中填充图片。相较于单纯的色块，填充图片之后的形状能够传递更多的信息。

2 作为项目符号的形状

在制作汇报用 PPT 时，往往要求的是效率，最根本的需求不是设计感，而是条理清晰。在满足功能的基础上，再考虑美观的问题。

为了避免将 PPT 做成右上图这种谁也不愿意阅读的流水账形式，我们常常使用项目符号作为关键词句的引导前缀，如右下图所示。

研究人员将200只猴子分为两组：一组猴子不控制饮食，另外一组严格控制饮食，只让吃七八分饱。10年后，敞开吃的这100只猴子中，很多体胖多病，100只猴子死了50只;而控制饮食的那100只猴子中，只有12只死亡。这说明适当控制饮食是有利于长寿的。而且，很多病都是吃饭“撑”出来的，这也会在一定程度上影响寿命。

研究人员将200只猴子分为两组，做了一个实验

- **一组猴子不控制饮食，另外一组严格控制饮食**
- **10年后，敞开吃的100只猴子，死了50只**
- **10年后，控制饮食的100只猴子，死了12只**

这说明适当控制饮食是有利于长寿的

项目符号是放在文本之前，起梳理层级和强调文本的作用的符号。在 PowerPoint 软件的菜单栏中，选择“开始”选项卡，单击代表项目符号的三行点线按钮就能打开项目符号的下拉菜单。

项目符号可以让文本变得更有条理。例如下面这页 PPT 中，有 6 行文字，但只有 3 个项目符号，那么我们的第一反应就是这段文字讲了 3 个重点内容，而不会认为它有 6 个重点内容。

●应该尽量采用大芯板、三合板、装修胶等材料用量少的设计方案，少用这些材料能够减少装修污染程度并控制装修污染检测成本。
●装修过程中，可以在刷油漆之前将板材正反两面用甲醛清除剂进行涂刷处理。
●装修好以后一定要空置2~3个月。

项目符号可以引导视线。相较于文字，我们更容易被形状吸引，对于一眼看不出明确意义的形状，我们的视线会不自觉地在它上面停留一段时间，以判断它是否具有美感和特殊含义。就像我们在看外语时，即使不明白意思，单纯作为图形的字母也能吸引我们的注意力。有不少外国人，喜欢在身上文上汉字，尽管不明白其中的意义，汉字本身作为一种形状所具有的特别的美感仍然吸引着他们。

由于项目符号十分好用，很多人在制作 PPT 的时候，不论实际情况如何，只要是文字，都为其添加上项目符号，如右图所示。

- 美图公司成立于2008年10月
- 以“让每个人都能简单变美”为使命
- 围绕“美”创造了一系列产品，如：
  美图秀秀、美颜相机、美拍、美图宜肤及美图魔镜等软硬件产品
- 2010年，美图成立了核心研发部门——美图影像实验室Mtlab
- 致力于计算机视觉、深度学习、计算机图形学等人工智能（AI）相关领域的研发
- 以核心技术创新推动公司业务发展
- 截至2019年12月31日，美图公司的影像及社区应用矩阵已在全球超过18.8亿台独立设备上激活
- 月活跃用户超过2.82亿
- 在15个国家各拥有超过1000万总用户，有61个国家拥有超过百万用户。

都是重点，就相当于没有重点。满篇都是项目符号，会让人怀疑演示者的总结能力不强，这样的页面看起来也过于密集。项目符号并非在所有位置上都适用。以上面这页 PPT 的内容为例，推荐以下 3 种使用场景。

第一，引导简短标题。利用项目符号来统一标记标题是一个不错的选择。在右边这一页 PPT 中，你是不是第一时间就看到了 3 个圆点呢？

- **产品**

美图公司成立于2008年10月，以“让每个人都能简单变美”为使命，围绕“美”创造了一系列产品，如美图秀秀、美颜相机、美拍、美图宜肤及美图魔镜等软硬件产品。

- **研发**

2010年，美图成立了核心研发部门——美图影像实验室Mtlab，致力于计算机视觉、深度学习、计算机图形学等人工智能（AI）相关领域的研发，以核心技术创新推动公司业务发展。

- **成绩**

截至2019年12月31日，美图公司的影像及社区应用矩阵已在全球超过18.8亿台独立设备上激活月活跃用户超过2.82亿，在15个国家各拥有超过1000万总用户，有61个国家拥有超过百万用户。

第二，引导行间距相同的文字。行间距相同的文字如果不加强视觉区分，就很容易混淆。在右边这页 PPT 中，我们难以一眼看出这段文字有几个重点，想说明什么，其中哪些东西是需要特别留意的。

美图公司成立于2008年10月，以“让每个人都能简单变美”为使命，围绕“美”创造了一系列产品，如美图秀秀、美颜相机、美拍、美图宜肤及美图魔镜等软硬件产品。

添加项目符号之后，重点就变得一目了然了。

- **美图公司成立于2008年10月**
- **以“让每个人都能简单变美”为使命**
- **围绕“美”创造了一系列产品，如美图秀秀、美颜相机、美拍、美图宜肤及美图魔镜等软硬件产品**

第三，引导多层逻辑。在上面两种场景中，要素之间都是并列关系。当文稿逻辑存在从属关系时，用项目符号来区分层级也是十分简洁的。在 PowerPoint 软件中，按住 Tab 键可以将项目符号降级，按快捷键 Shift+Tab 可以将项目符号升级。

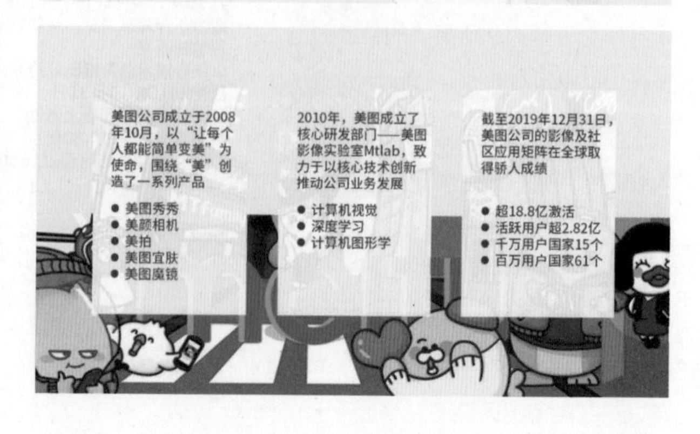
美图公司成立于2008年10月，以“让每个人都能简单变美”为使命，围绕“美”创造了一系列产品
● 美图秀秀
● 美颜相机
● 美拍
● 美图宜肤
● 美图魔镜
2010年，美图成立了核心研发部门——美图影像实验室Mtlab，致力于以核心技术创新推动公司业务发展
● 计算机视觉
● 深度学习
● 计算机图形学
截至2019年12月31日，美图公司的影像及社区应用矩阵在全球取得骄人成绩
● 超18.8亿激活
● 活跃用户超2.82亿
● 千万用户国家15个
● 百万用户国家61个

最常用的项目符号是圆形，但其实任何图形都可以作为项目符号使用。如果只用圆形，一方面会让观众由于看得太多而产生审美疲劳，另一方面也会让我们丢失通过项目符号传达信息的机会。例如，我们可以使用钩和叉表示工作的完成情况。

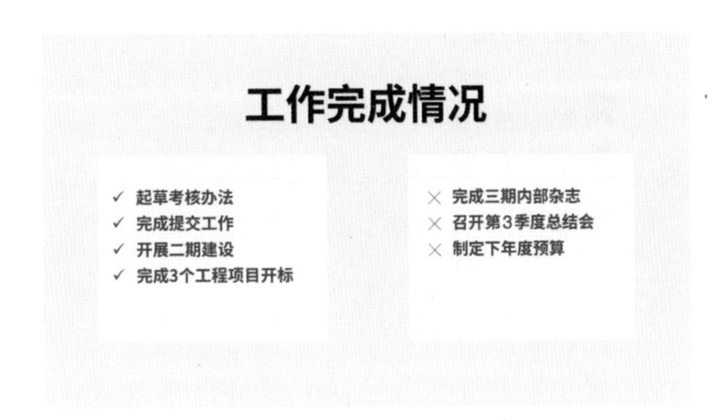

在项目符号按钮下拉菜单的底部，单击“项目符号和编号”选项，可以打开设置对话框。

在对话框中，单击“自定义”按钮，在弹出的对话框中单击“字体”按钮右侧的下拉按钮，就能够调用计算机上安装的所有字体以及它所包含的子集。

计算机上安装的字体文件中，通常不只有中文、英文文字，一般还附带大量的符号，直接调用就可以了。例如，为文本添加箭头，并不需要在形状中寻找，只需要在这里选择“普通文本”下的“箭头”子集就行了。

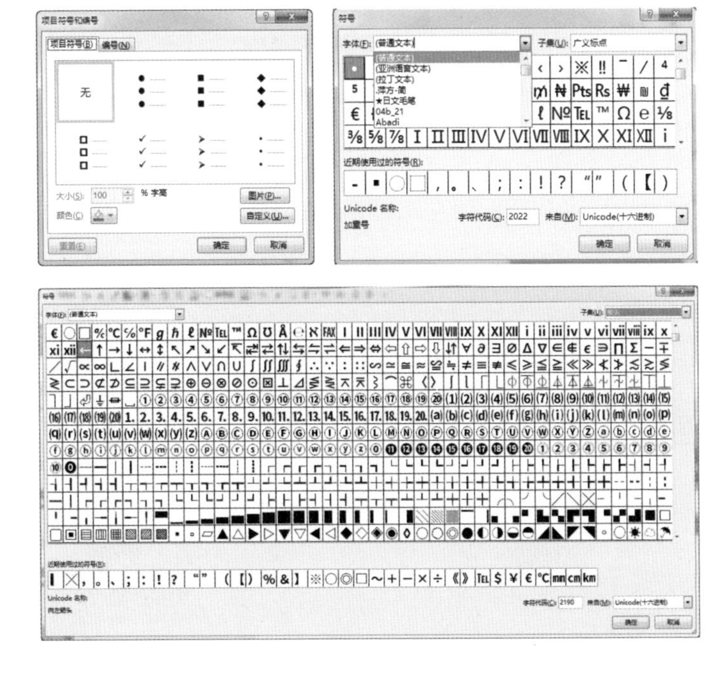

如此添加项目符号不仅快捷，而且是严格对齐的。此外，我们也可以直接选取本地图片作为项目符号。

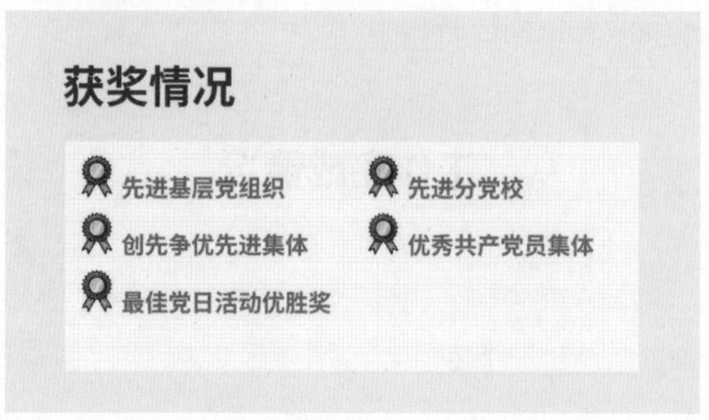

发散一下思维，既然可以插入任何图片，那么也可以绘制任意形状，将形状转化为图片后作为项目符号使用。例如，类似于下面这样的线条项目符号，如果每一个都自行绘制，就会涉及多个项目的对齐和文本的版式微调的问题，十分费时。

版式设计原理

- 将具体的设计案例修改前后的页面进行对比，直观而鲜明地呈现PPT的设计原理和
- 通过简明的语言描述和生动的比喻，对平面设计原理进行深入浅出的讲解
- 针对实际问题，提出简洁易用的解决方案，介绍其中的规则和设计技法
- 给出大量案例，这些案例从原理出发，但又发散开来，抛砖引玉、供观众参考

而利用 PowerPoint 软件的项目符号功能，就能够快速解决上述问题。我们举个例子来讲解。

步骤 01 在 PPT 的空白处插入一个作为项目符号的形状，以太阳形状为例。

步骤 02 右击该形状，在弹出的快捷菜单中选择“另存为图片”命令，将形状保存为 PNG 格式的图片。

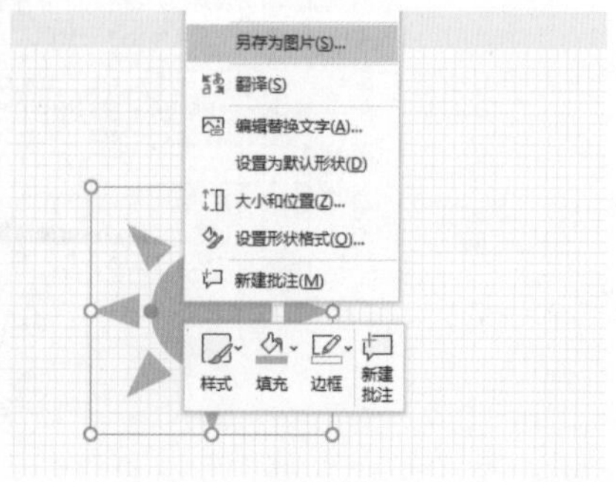

步骤 03 在项目符号按钮的下拉菜单中单击“项目符号和编号”，在弹出的对话框中单击“图片”按钮，选择刚才保存的那张图片即可，完成效果如右边的页面所示。

自定义图片项目符号

* 第 1 点
* 第 2 点
* 第 3 点
* 第 4 点

上述操作不仅能大幅提升效率，还能够反复应用。

再举几个通过趣味项目符号传递信息的例子。我们可以把不同比例的环形图、饼状图等作为多流程的引导，明确传递分步信息。

知识管理的四个步骤

输入，从各种渠道中获取原始信息

加工，整理信息的主要内容、结构和结论，区分观点和事实

建立体系，将经过加工整理的知识按逻辑整合为体系

输出，将知识再次传播，在此过程中进一步加强理解

使用虚实结合的项目符号，虚为轻、实为重。孰轻孰重，一目了然。

第 1 季度工作安排

■ 重点工作	□ 一般工作	□ 一般工作	□ 一般工作
□ 一般工作	■ 重点工作	□ 一般工作	□ 一般工作
□ 一般工作	■ 重点工作	■ 重点工作	□ 一般工作
□ 一般工作	□ 一般工作	□ 一般工作	■ 重点工作

或者用不同颜色的项目符号来表现趋势。

年度业绩总结

■ 第1季度，市场良好，顺利完成年计划销售额的46%

■ 第2季度，受到相关政策的影响，销售额有所下滑

■ 第3季度，一改以往的增长态势，行业整体呈低迷状态

■ 第4季度，在公司的快速应对下，销售额快速上升

5.4.3 用形状突出重点

从前文的案例中，我们了解到形状具有划分区域、统一视觉效果的作用。稍稍变化一下，就能让形状的作用从整合变为突出：只需要让某个形状和别的不一样就行了，如变换大小或颜色。

1 有和无

为页面的某些内容添加形状，是区分层级以使页面有主次之分的简单手法。例如，在一页 PPT 封面中，单纯加入文字后，聚焦效果还不够强；那么可以考虑加入形状以引导视线，突出重点内容。

在多项内容排列时，我们经常会看到下面这样的 PPT，标题加大加红，再来个斜体。

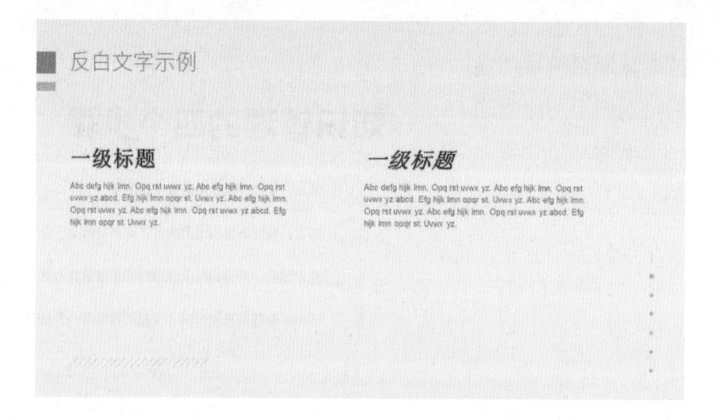

其实给标题加上形状衬底，就能非常快捷地取得良好的强调效果。

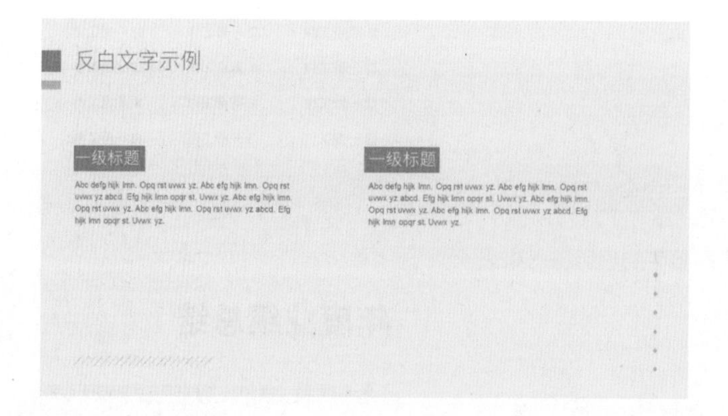

当页面较为空洞时，利用形状作为点缀的同时可以填充页面，帮助观众聚拢视线。例如下面这一页 PPT，纯白的背景上只有两张图片和一小段文字，显得不够丰满。

我们可以为页面添加一些形状作为点缀物，这类形状的添加非常自由，但最好有所计划。

例如，我添加的这些形状，形态都比较契合矩形的棱角、边框，并且都朝着版心的方向引导视线。

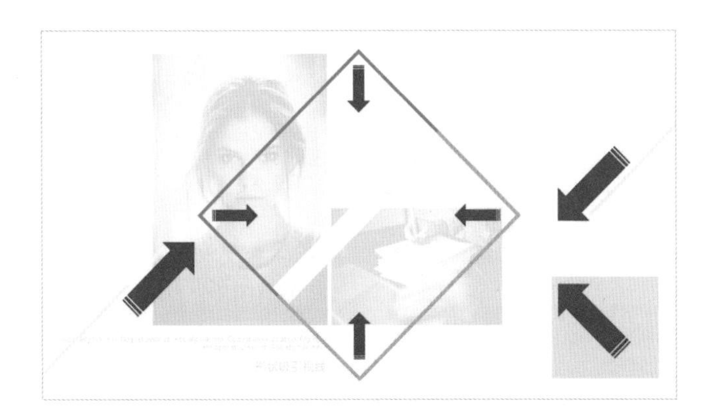

2 大和小

在一致对齐的基础上，刻意打破框架，可以让页面更加自由。严格的大小统一，就像让人昏昏欲睡的平缓节奏，偶尔来点变化，反而能给页面带来动感。

在日常制作 PPT 时，我们可以将需要强调的重点用较大的形状装载起来。

强烈的大小对比能够让设计显得气势恢宏。举个例子，在左下方这样一页 PPT 中，几个形状放在一起，感觉不出什么意义。

但如果在其中加上一架飞机的剪影，形状就变得如天幕一般巨大，如右下方的 PPT 所示。

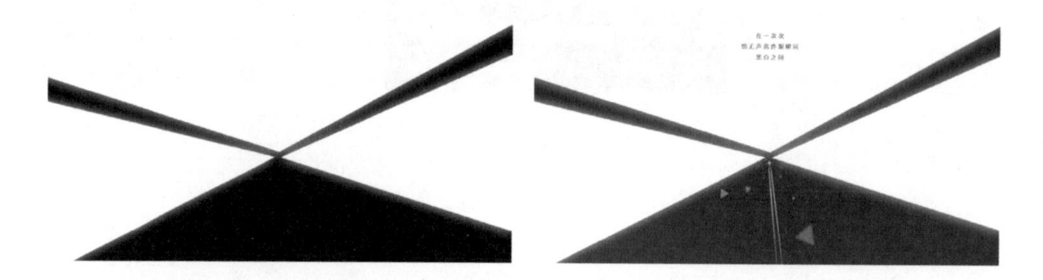

3 深和浅

针对不同的内容及重要程度，应使用不同的颜色。在选用颜色时，可以考虑使用场景的气质，使用同色相、不同明度的颜色，用深色突出、浅色衬托。

或者选用单色和灰色，用单色突出、灰色衬托。

单色突出

黑白间设计

黑白间	黑白间	黑白间	黑白间	黑白间
Abc defg hijk lmn. Opq rst uvwx yz. Abc efg hijk lmn. Opq rst uvwx yz abcd. Efg hijk lmn opqr st. Uvwx yz.	Abc defg hijk lmn. Opq rst uvwx yz. Abc efg hijk lmn. Opq rst uvwx yz abcd. Efg hijk lmn opqr st. Uvwx yz.	Abc defg hijk lmn. Opq rst uvwx yz. Abc efg hijk lmn. Opq rst uvwx yz abcd. Efg hijk lmn opqr st. Uvwx yz.	Abc defg hijk lmn. Opq rst uvwx yz. Abc efg hijk lmn. Opq rst uvwx yz abcd. Efg hijk lmn opqr st. Uvwx yz.	Abc defg hijk lmn. Opq rst uvwx yz. Abc efg hijk lmn. Opq rst uvwx yz abcd. Efg hijk lmn opqr st. Uvwx yz.

单色突出

黑白间设计

黑白间	黑白间	黑白间	黑白间	黑白间
Abc defg hijk lmn. Opq rst uvwx yz. Abc efg hijk lmn. Opq rst uvwx yz abcd. Efg hijk lmn opqr st. Uvwx yz.	Abc defg hijk lmn. Opq rst uvwx yz. Abc efg hijk lmn. Opq rst uvwx yz abcd. Efg hijk lmn opqr st. Uvwx yz.	Abc defg hijk lmn. Opq rst uvwx yz. Abc efg hijk lmn. Opq rst uvwx yz abcd. Efg hijk lmn opqr st. Uvwx yz.	Abc defg hijk lmn. Opq rst uvwx yz. Abc efg hijk lmn. Opq rst uvwx yz abcd. Efg hijk lmn opqr st. Uvwx yz.	Abc defg hijk lmn. Opq rst uvwx yz. Abc efg hijk lmn. Opq rst uvwx yz abcd. Efg hijk lmn opqr st. Uvwx yz.

也可以选取多种色相的颜色，用暖色突出、冷色衬托。

冷暖对比

黑白间设计

黑白间	黑白间	黑白间	黑白间	黑白间
Abc defg hijk lmn. Opq rst uvwx yz. Abc efg hijk lmn. Opq rst uvwx yz abcd. Efg hijk lmn opqr st. Uvwx yz.	Abc defg hijk lmn. Opq rst uvwx yz. Abc efg hijk lmn. Opq rst uvwx yz abcd. Efg hijk lmn opqr st. Uvwx yz.	Abc defg hijk lmn. Opq rst uvwx yz. Abc efg hijk lmn. Opq rst uvwx yz abcd. Efg hijk lmn opqr st. Uvwx yz.	Abc defg hijk lmn. Opq rst uvwx yz. Abc efg hijk lmn. Opq rst uvwx yz abcd. Efg hijk lmn opqr st. Uvwx yz.	Abc defg hijk lmn. Opq rst uvwx yz. Abc efg hijk lmn. Opq rst uvwx yz abcd. Efg hijk lmn opqr st. Uvwx yz.

冷暖对比

黑白间设计

黑白间	黑白间	黑白间	黑白间	黑白间
Abc defg hijk lmn. Opq rst uvwx yz. Abc efg hijk lmn. Opq rst uvwx yz abcd. Efg hijk lmn opqr st. Uvwx yz.	Abc defg hijk lmn. Opq rst uvwx yz. Abc efg hijk lmn. Opq rst uvwx yz abcd. Efg hijk lmn opqr st. Uvwx yz.	Abc defg hijk lmn. Opq rst uvwx yz. Abc efg hijk lmn. Opq rst uvwx yz abcd. Efg hijk lmn opqr st. Uvwx yz.	Abc defg hijk lmn. Opq rst uvwx yz. Abc efg hijk lmn. Opq rst uvwx yz abcd. Efg hijk lmn opqr st. Uvwx yz.	Abc defg hijk lmn. Opq rst uvwx yz. Abc efg hijk lmn. Opq rst uvwx yz abcd. Efg hijk lmn opqr st. Uvwx yz.

4 中心和边缘

一般情况下，越靠近页面中心的元素越能吸引观众的注意力。因此，我们可以利用中心区域这一天然的优势，通过形状的环绕排列来表现聚焦效果和总分关系。

5.4.4 形状的效果

一般情况下，我们认为给形状添加效果是不够新颖的。这个观念起源于网络上常见的下面这类PPT，它们非常花哨，所添加的效果既没有功能性也没有美感。

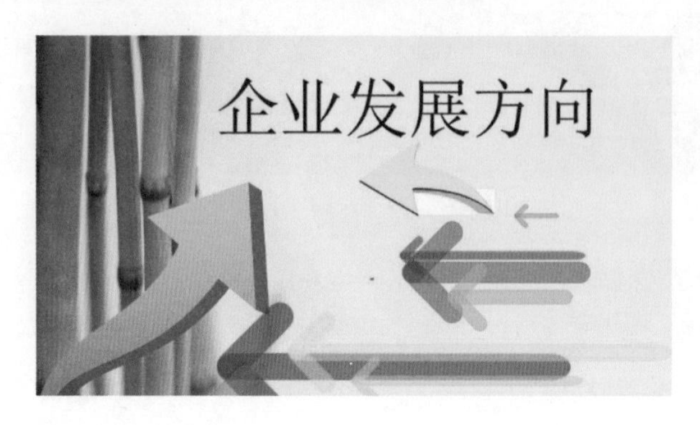

以至于我们常常听到一种声音——“做 PPT 就别添加效果了，越加越丑”。真的是这样吗？其实PowerPoint软件预设的效果也许真的不美观、不时髦，但是它提供了最基础的参数供我们修改。只要对效果的基本构成和美观目标有所认识，就能够通过 PowerPoint 软件中内置的效果完成非常棒的设计！

关键是要知道 PowerPoint 软件提供了哪些可供使用的效果，还要了解利用这些效果能够做到怎样的程度。

PowerPoint 软件为形状元素内置了许多可调整的效果，包括“阴影”“映像”“发光”“柔化边缘”“三维格式”“三维旋转”6 个大类。以上 3 张 PPT 分别主要应用了阴影、映像、三维效果。下面，我们详细讲解一下这几个功能选项，给出一些实用建议。

1 阴影

“阴影”的预设效果中，投影方向分为 3 个：内侧、外侧和透视。

阴影效果可供调整的参数包括“颜色”“透明度”“大小”“模糊”“角度”“距离”。

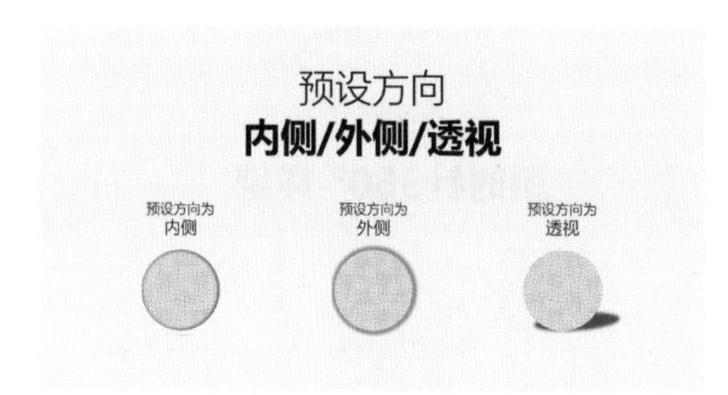

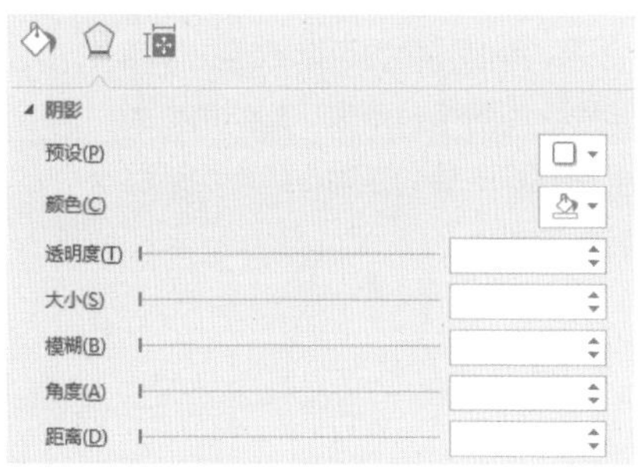

默认的阴影一般是黑色的，通过“透明度”的调整，能够使黑色的深浅发生变化。

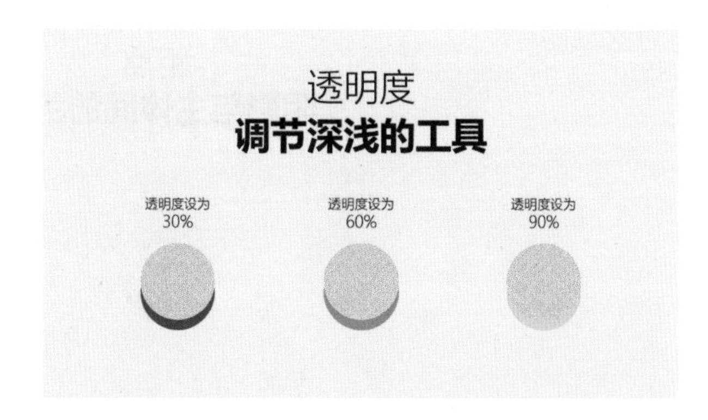

“大小”参数的单位是百分比，指的是阴影与主体之间的比例关系。

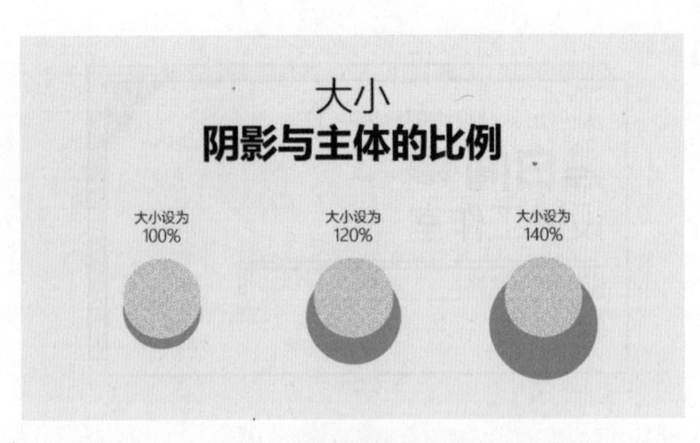

“模糊”参数可以调节阴影的虚实程度，其单位是“磅”。“模糊”参数的数值越大，则阴影的边缘虚化效果越明显；数值越小，则阴影的边缘越锐利。

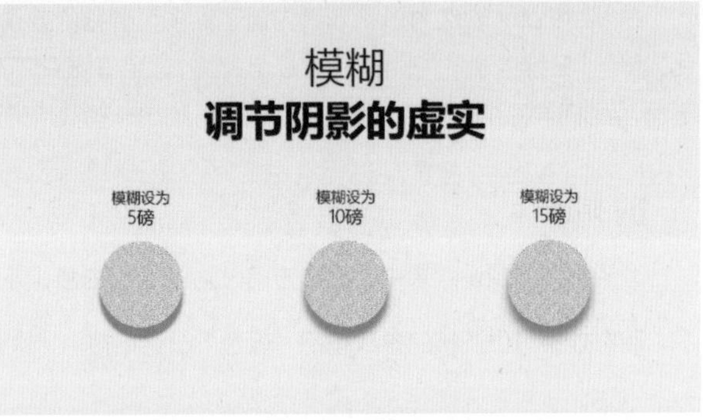

“角度”参数可以标定主体和阴影之间的相对角度。起始角度为平面坐标 x 轴的正轴，角度向顺时针方向增大。

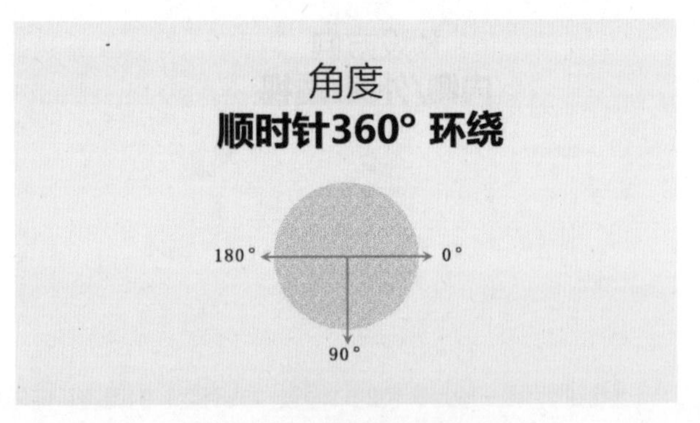

“距离”参数可以控制阴影与主体之间的距离。

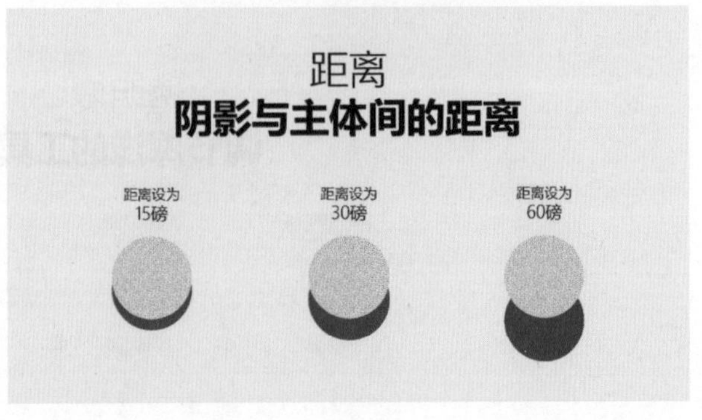

通过参数的组合，可以为形状或图片添加各种风格的阴影，这里以非常自然的弥散阴影为例，进行讲解。

弥散阴影给人的直观感受是清淡、似有似无。反映在参数设置上，主要是“透明度”较高，同时“模糊”参数值较高。

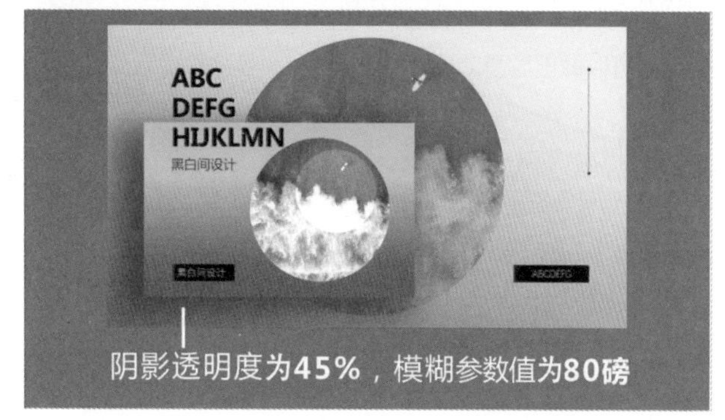

此外，略微向下且大小收缩的阴影偏移方式也很常用，这种阴影设置方式更符合近大远小的透视规律。右图中的阴影的“透明度”为 30%，“大小”参数值设为 95%，“模糊”参数值为 24 磅。

将阴影偏移方向改为内侧，可以打造出剪纸般的层次感。

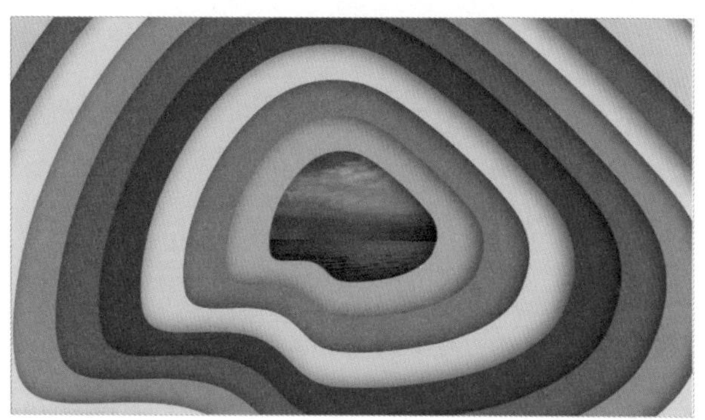

将内侧阴影设置为深蓝色，还能营造出科技感。

将阴影的“模糊”参数值调整为 0，可以做出层叠的图形或文字效果。

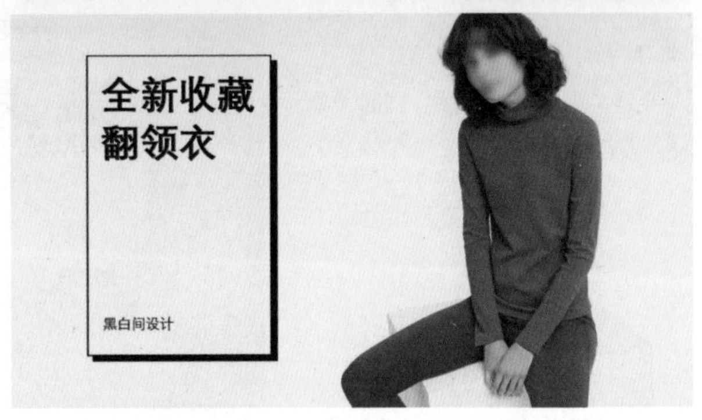

将主体的填充去除掉，阴影甚至可以作为设计的主体。

提示

总之，参数为创意服务，PowerPoint 软件的“阴影”参数设置足够精细和强大，能够帮助我们实现多种设计创意。

2 映像

映像效果可模拟物体在光滑平面上的倒影。

“映像”的可调整参数包括“透明度”“大小”“模糊”“距离”，与“阴影”的可调整参数类似，这里就不再赘述。

映像效果在设计应用中是一把双刃剑，用得好能够极大提升设计的层次感，用得不好反而不如扁平形状那样简洁、清爽。映像效果是否精美，在很大程度上取决于背景环境是否适合使用映像效果。

例如，在湖面上设置映像，符合我们的认知，画面整体十分和谐。

但在陆地上设置映像，就有点奇怪了。

添加映像效果本身是增强立体感的一种方式，如果设计风格本来是平面的，使用映像效果反而会画蛇添足。因此，在使用映像效果时，最好有天然的镜面。

3 发光

PowerPoint 软件的发光效果都是外发光，即在主体轮廓线外添加由深到浅的颜色渐变效果，模拟发光体的光线消散效果。“发光”有 3 个可调参数，分别是“颜色”“大小”“透明度”。相比其他效果，PowerPoint 软件的发光效果的过渡不是很自然。

因此，如果我们想设置一个外发光的效果，不妨考虑用白色的外侧阴影来替代。

4 柔化边缘

“柔化边缘”只有一个可调整参数，即“大小”，单位同样为“磅”。参数值设置得越大，则主体的轮廓越模糊。通过柔化边缘效果的设置，我们可以让某些元素变得模糊，某些元素保持清晰，从而增强层次感。

5 三维格式

一般情况下，“三维格式”很少用到，但其功能很强大。它可以基于平面形状，生成三维物体。其可调整参数包括“棱台”“深度”“曲面图”“材料”“光源”。

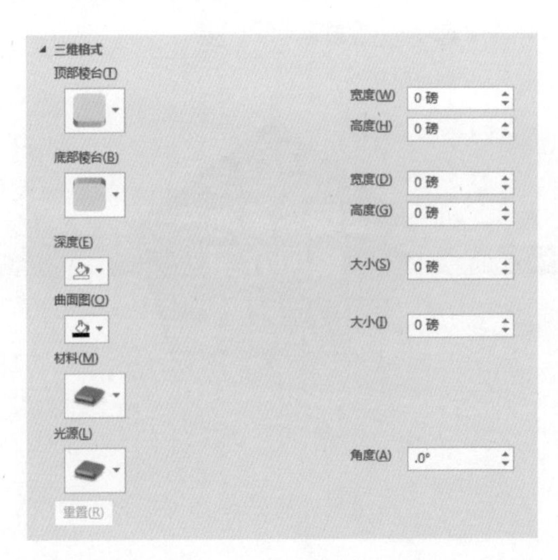

棱台可以理解为形状由二维效果转变为三维效果时所增加的体积的形态。简单地讲，棱台就是凸出部分的样式。

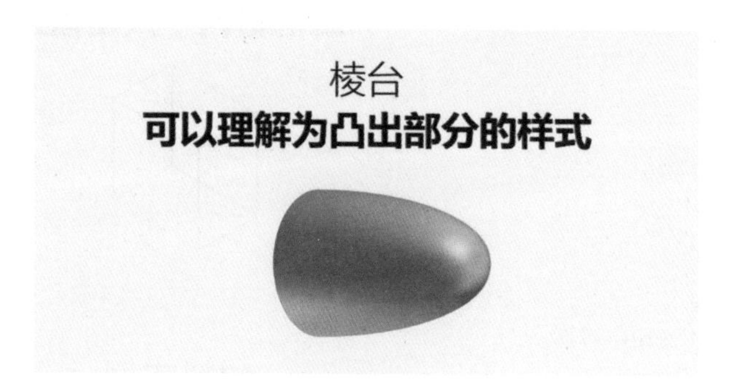

对棱台“高度”的控制，可以让凸出部分变短或变长；对“宽度”的控制，可以让凸出部分变尖或变圆；而不同预设样式的应用，可以让变化更加多样。

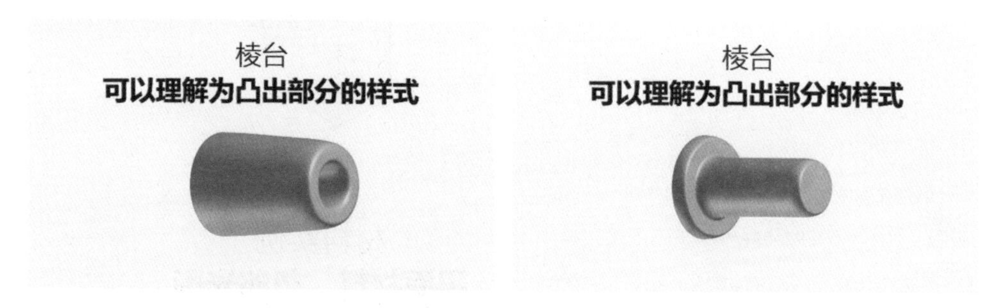

假设原形状是在 **xy** 平面上，那新增的 **z** 轴就是“深度”，我们可以调整它的大小，也可以赋予 **xz** 平面和 **yz** 平面新的颜色。

PowerPoint 软件中的“曲面图”参数实际上是立方体的棱线。通过设置该参数，棱线将具有新的颜色和宽度。

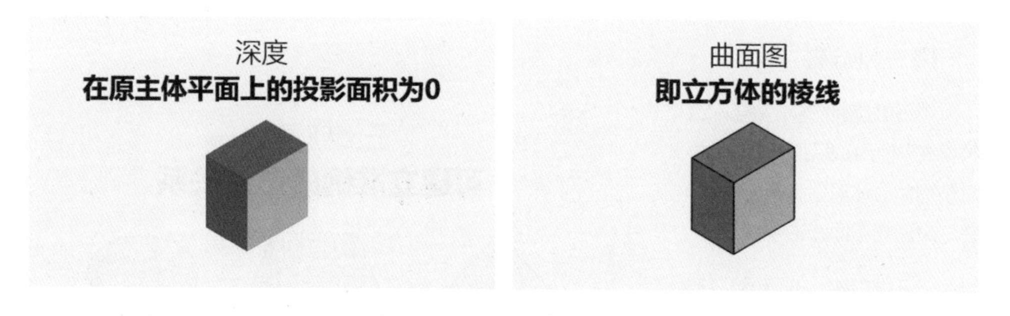

至于“材料”和“光源”，通过设置这两个参数，物体表面的颜色、纹理、透明度、光滑度和反射率等属性会发生变化，表现不一样的质感。

下面举几个例子。选择线框材料，可以让填充的平面消失，只保留棱线。

材料实例

线框材料，只留棱线

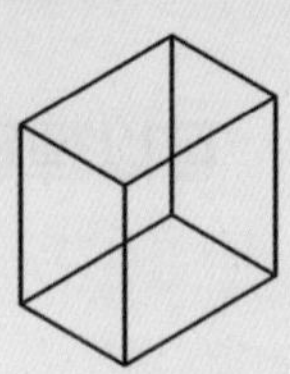

选择半透明材料，既可以看到立体物体的外面，也可以看到物体的里面。

材料实例

半透明材料，里外皆可见

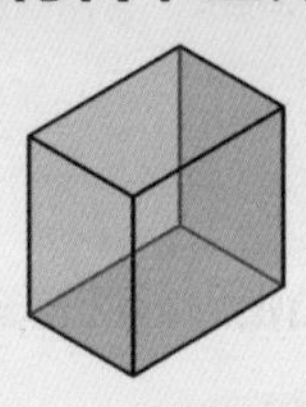

选择平面材料，可以忽略光影效果，用纯粹统一的颜色填充每一个平面。

材料实例

平面材料，忽略光影

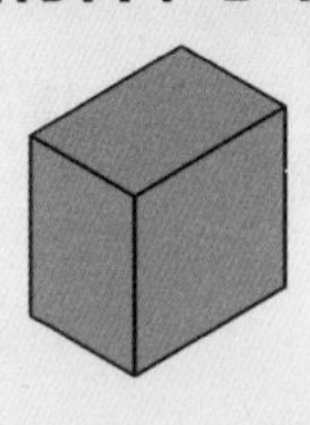

6 三维旋转

“三维旋转”通常需要配合“三维格式”使用，即通过“三维格式”赋予物体立体属性，再用“三维旋转”来建立不同的透视关系。

“三维旋转”的可调节参数包括 x、y、z 轴的旋转角度，还包括透视的强度。

三维旋转

可建立准确的透视关系

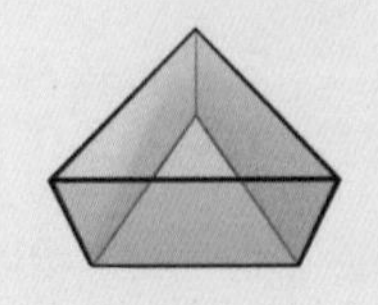

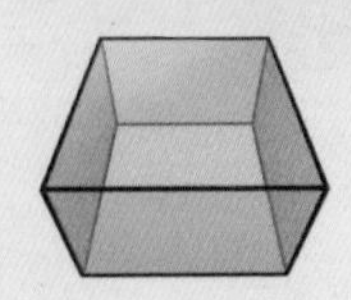

“三维旋转”配合“三维格式”使用，才能取得较好的设计效果。要实现下面这一效果，只需要将文字的“三维格式”的“深度”设置为 50 磅，“三维旋转”的 x 轴设置为 320°、y 轴设置为 45°。

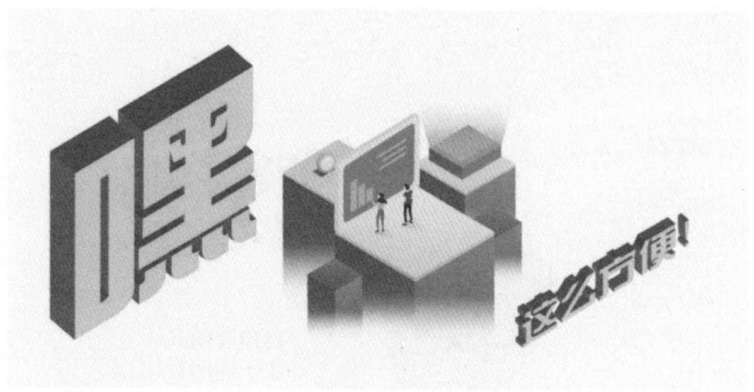

调整旋转角度和预设模式，能够实现各种各样的三维效果。回到本小节开始时所举的那一页孟菲斯风格的 PPT 案例，注意这些立方体，其实不是一个一个地画出来的。

只需要绘制一个正方形，然后设置三维属性和旋转角度就行了。以最左侧的立方体为例，它其实是一个正方形，“深度”为 25 磅，“曲面图”为黑色、2 磅，x 轴旋转角度为 325°，y 轴旋转角度为 8°，z 轴旋转角度为 3°，透视为 80°。数值不用记忆，可以一边修改一边预览，效果合适即可。

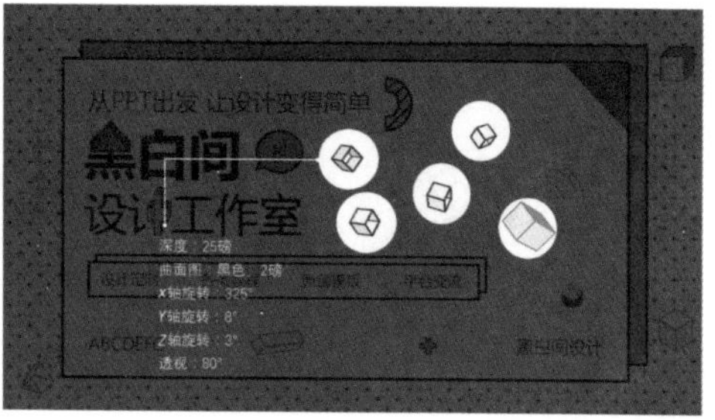

根据风格和需求，各种效果可以自由结合。例如，将“三维旋转”和“映像”结合起来，就能实现卡片展示效果。

5.4.5 不规则形状的画法

类似矩形、圆形这样的标准形状，能够从软件内置的形状中挑选并插入。例如，下面这一页 PPT 中最下方起页面平衡作用的形状是矩形。

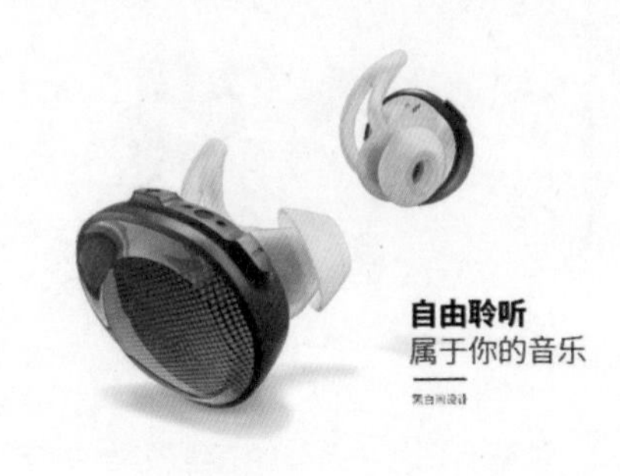

过于常见的图形，看久了之后就会觉得千篇一律。而将这些默认的形状更改为更新颖的形状，一方面可以让其与内容更具创意地结合，另一方面也可以让页面变得更加有趣。

下左图页面下方的波浪形就是两个圆润、自由的形状，从远处观察该形状的效果如下右图所示。

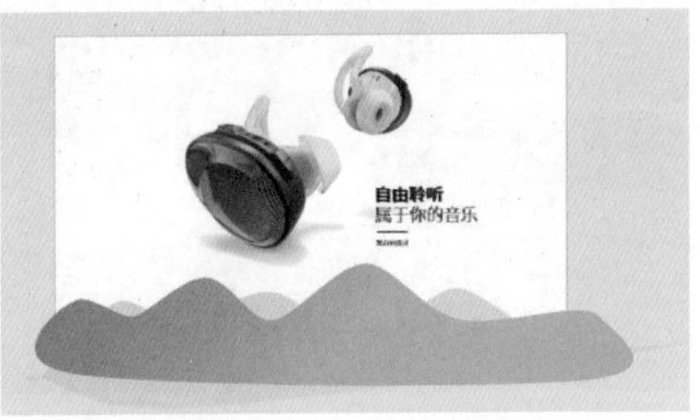

要绘制类似这样的图形，默认形状就不够用了，这时我们需要掌握一个技巧：曲线绘制。

曲线绘制的技巧，在多种设计软件中是共通的。在 PowerPoint 软件中掌握的曲线绘制技巧，稍加练习就能够用到 Photoshop、Illustrator、CorelDRAW 等软件中。这种绘制工具在 PowerPoint 软件中叫作“曲线”，在 Photoshop 等软件中叫作“钢笔”。

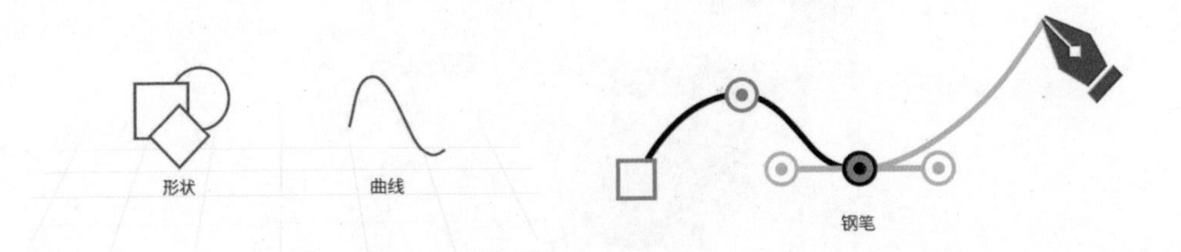

熟练应用曲线工具能够让我们随心所欲地勾勒出起伏的线条，绘制出任意形状，甚至可以用它来画图。

让我们从远处观察一下左图。

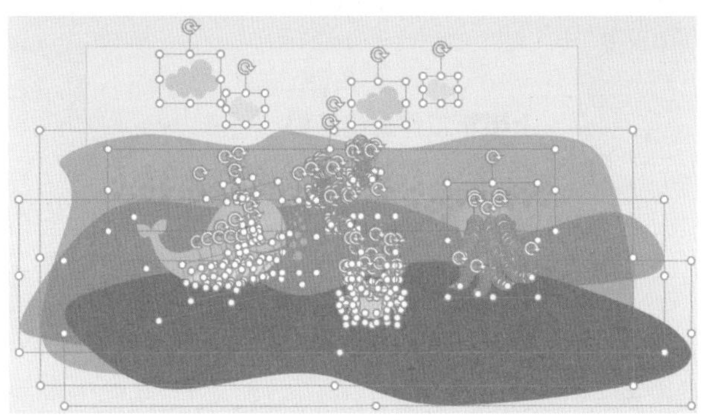

提示

与这个功能的强大相对应的是，熟练地使用它需要一定的练习。可以说，形状的灵活应用是 PPT 版式设计的分水岭；而曲线功能的灵活应用，是运用形状的分水岭。

曲线绘制工具的理论基础是贝塞尔曲线，在 1962 年由法国工程师皮埃尔 · 贝塞尔所发表。一条完整的曲线路径是由多个直线段或曲线段组成的。线段的端点称为节点或锚点，每 1 个锚点有 1 ~ 2 条控制线，用于确定曲线段的形态。

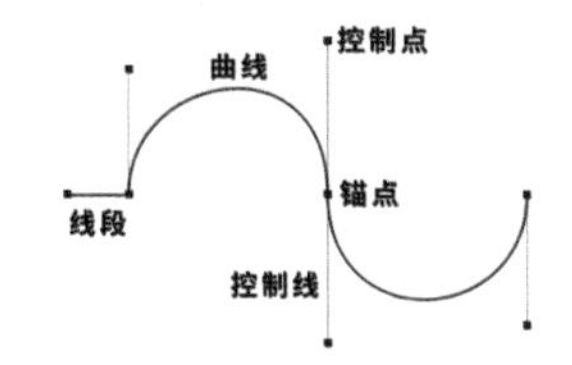

在 PPT 中绘制曲线，有以下技巧。

- 用尽可能少的锚点确定一条路径，这样有助于增加平滑度。
- 不必追求一次绘制到位，可以右击曲线并在弹出的快捷菜单中选择“编辑顶点”命令，修正曲线。
- 在拖动锚点控制线时，按住 Alt 键可以只修改一侧的控制线。
- 在拖动锚点控制线时，按住 Shift 键可以保证锚点两侧的控制线对称。
- 右击锚点后在弹出的快捷菜单中选择“直线点”命令，可以保证锚点两侧的控制线方向相反。

锚点位置的确定、控制线的角度及长度，是高度经验化的，不过有一定的规律可以遵循（例如，锚点尽量选在物体的最边缘处，控制线的角度尽量为 180° 、90° 或与水平垂直线成 45° 等）。但要把曲线画得很顺滑，最好的方法不是记诀窍，而是多练习。

曲线绘制出的形状可以用于划分区域。

绘制出的波浪、云朵等形状，可以用来点缀页面。

一个自由的形状，还能用来填充页面。

我们还可以尝试利用曲线来绘制具体的物体。掌握曲线的画法后，我们就可以利用不规则形状让 PPT 与众不同。

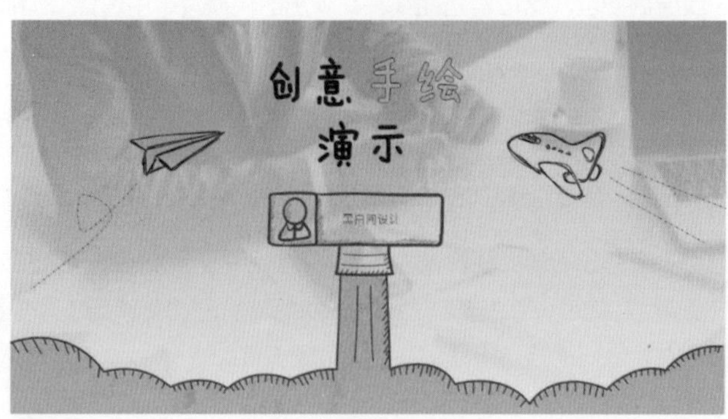

5.4.6　使用布尔运算玩转形状

布尔运算在 PowerPoint 软件中其实叫“合并形状”，当选中两个或两个以上的对象时，它就会出现在“格式”选项卡中。之所以叫它布尔运算，是因为英国数学家布尔对符号逻辑运算做出了巨大的贡献。

如果要给 PowerPoint 软件的设计功能排个序，我会将布尔运算排第一。用这个功能可以做出下面这些效果。

“合并形状”里面有 5 个命令，分别是“结合”“组合”“拆分”“相交”“剪除”。PowerPoint 2013 版之后，“合并形状”的操作对象可以是形状、文字、图片三者。

结合：将所有选中的元素“累加”起来。

组合：将所有选中的元素“累加”起来，再将重叠部分“减去”。

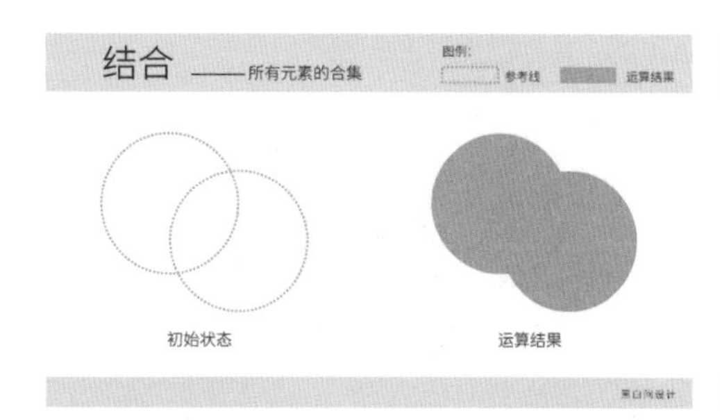

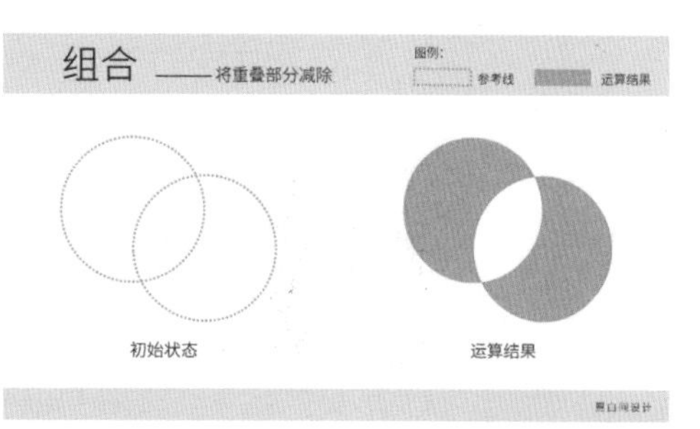

拆分：所有相关部分都变成独立的。

相交：只保留元素间的“重叠”部分。

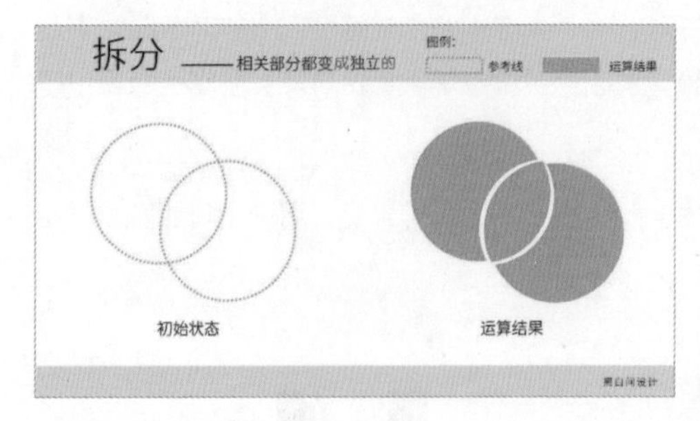

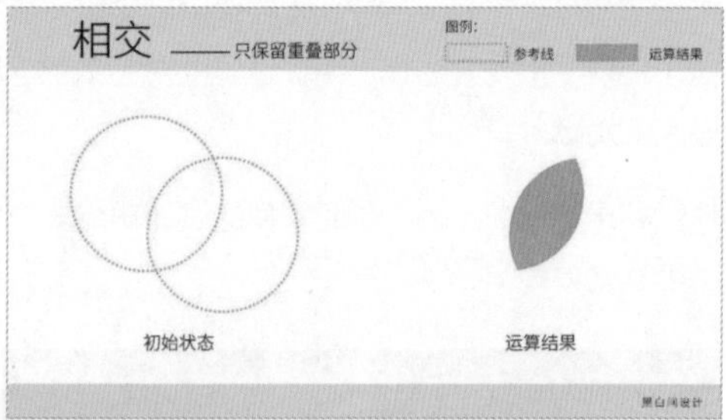

剪除：在第 1 个元素中“剪除”第 2 个元素，只保留独立的部分。

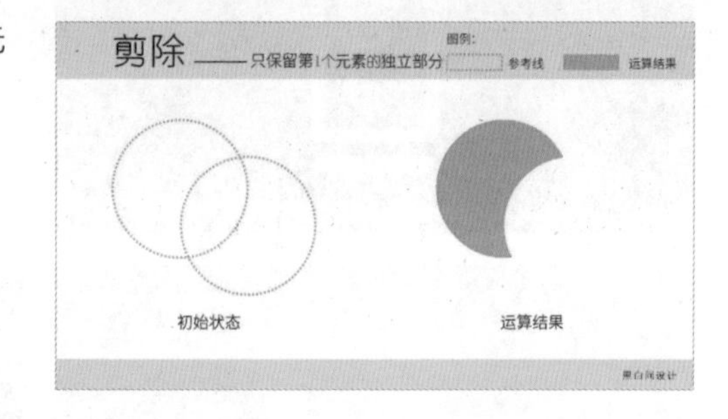

其实最基本的运算只有 3 种，它们是“结合”“相交”“剪除”，剩下的两个功能是基本运算的叠加，它们是为了方便使用而存在的。“组合”可以理解为“结合”“相交”“剪除”的顺序运用，“拆分”可以理解为“相交”和“剪除”的重复应用。

布尔运算虽然简单，但变化丰富。我们可以用它实现很多创意，做出非常棒的 PPT。

1 加减法

镂空设计

在形状之上插入一个文字。

让形状“剪除”文字，就能够得到抠除了文字的形状，从而透出后面的图片。

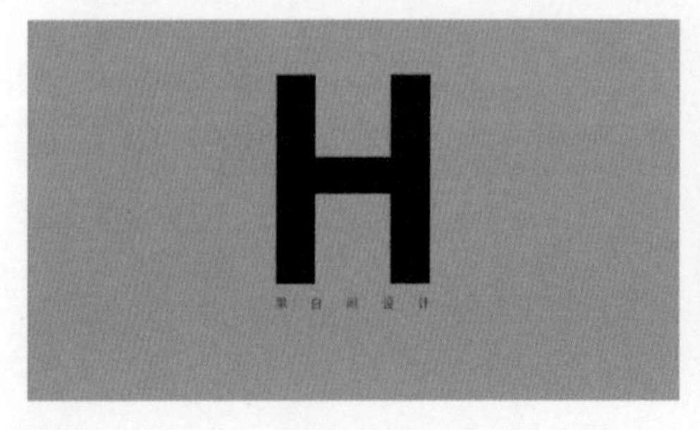

我们把形状的透明度调低，就能够更清晰地看出图层之间的层次关系。

用曲线沿着叶子的边缘勾勒出形态，再次从形状中剪除，透出后面完整的叶子形状，能实现创意平面效果。

这时候的形状可以理解为一个窗口，我们能够透过它看到窗外的风景，风景既可以是静态的，又可以是动态的。当背后的元素动起来的时候，就形成了遮罩动画效果。

部分替换

在文字上“剪除”恰当的形状，可以让文字的某些部分消失，从而可以重新插入图片或形状作为部首。

特殊形状

通过形状的加减运算，我们能够绘制出各种特殊的形状。举个简单的例子，用圆形减去方形，就能画出天圆地方的钱币形状。

为矩形和三角形运用布尔运算，我们能绘制出一个充满科技感的不规则对话框。

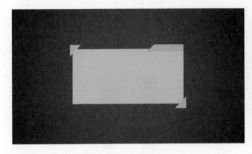

这样的对话框相较于普通的矩形，更富有趣味。

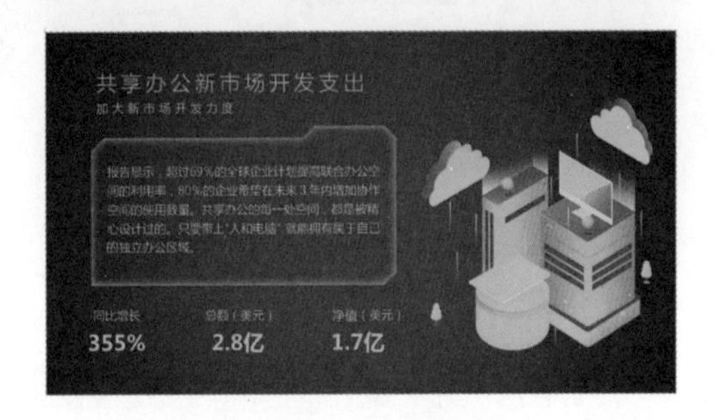

为环形短线和矩形运用布尔运算，我们能得到具有科技感的仪表盘。

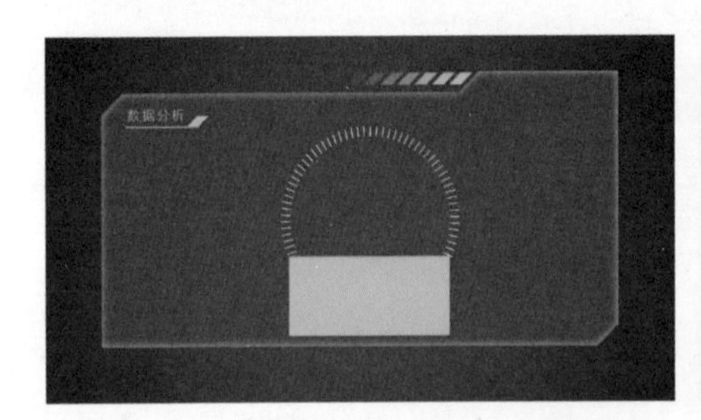

简单的图标和卡通形象也能通过为默认形状运用布尔运算得到。

2 相交和拆分

需要特别提到一点，PPT 中的“相交”和“拆分”，以第 1 个选中的元素为结果格式的参考对象。这是什么意思呢？例如右边这一页 PPT，我希望通过圆形和图片的布尔运算，制作出圆形的头像。

图片和形状的相交运算
顺序很重要

如果先选中图片，再选中形状，运行相交运算，就可以实现想要的效果。

如果先选中形状，再选中图片，运行相交运算，就只能得到一个不含图片的圆形。因为软件认为相交结果的格式应该和第 1 个选中的形状相同。

正确顺序
先选中图片，再选中形状

错误顺序
先选中形状，再选中图片

利用“相交”和“拆分”，我们可以做出以下效果。

单图拆分

将一张图片与多个形状相交。

形状可以是矩形，也可以是圆形、三角形等任意形态。为了节省操作时间，可先将多个形状“结合”，再让图片与该结合形状运行“相交”运算。

常规单图

单图拆分

特殊填充

让文字与图片相交，可以为文字赋予新的色彩和纹理，这种设计方式在标题中十分常见。纯色填充的文字在层次感和质感上都难有突破。

优质图片的细致纹路和光影，是难以通过 PPT 中的参数调整实现的。既然如此，不妨直接让文字和图片结合在一起。一张合适的图片能够极大地提升文字的设计感。

先选中文字，再选中图片，然后选择“相交”命令即可得到所需效果。

笔画拆分

与形状进行布尔运算后的文字属于形状，可以修改轮廓、填充色，也可以拆分重组。选中文字和形状，执行“拆分”命令，不连贯的笔画即可分离开来。

笔画作为拆分的元素，在版式中可以创造性地运用。

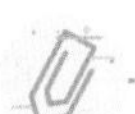

提示

布尔运算可以实现的效果非常多，只要是与元素的分、合相关的创意，都可以尝试用布尔运算来实现。

5.4.7　幻灯片背景填充

当我们希望填充一个形状的时候，除了“纯色填充”“渐变填充”之外，还可以选择“幻灯片背景填充”这种方式，利用这个功能可以复制幻灯片背景的像素，将其填充进一个形状。

下面举例说明，我们可以用这个功能来制作画中画的效果。

步骤 01 在空白页面的任意位置右击，在弹出的快捷菜单中选择“设置背景格式”命令。

步骤 02 在“设置背景格式”参数面板中，选择“图片或纹理填充”单选项，然后单击“插入”按钮，选择一张比例为 16 ： 9 的本地图片。

步骤 03 这时，页面会被整张图片覆盖，但我们无法通过单击选中该图片。

步骤 04 在背景图片上放一张关于手机的素材图片（PNG 格式）。

步骤 05 插入一个全屏矩形，将矩形调整至图片之上、文字之下，并为矩形填充透明度为 30% 的黑色。

步骤 06 插入一个圆角矩形，让这个圆角矩形盖住手机屏幕，同时又不超出手机的边界。

步骤 07 选中该圆角矩形，右击，在弹出的快捷菜单中选择“置于底层→下移一层”命令。

此时，圆角矩形就会被手机边框遮住。

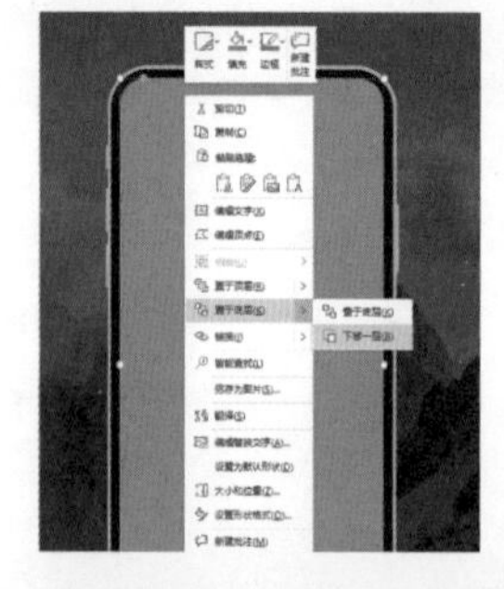

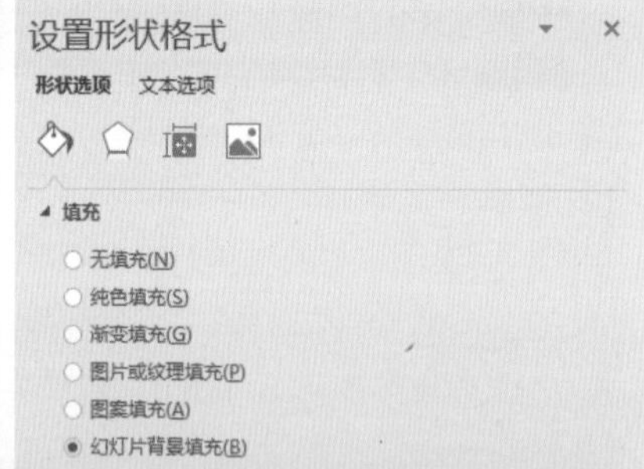

步骤 08 选中该圆角矩形，在“设置形状格式”参数面板中选择“幻灯片背景填充”单选项。

完成后的效果如下图所示。

更棒的是，我们能够随意替换这个设计中的图片，同时保留效果，只需要在页面上的任意空白位置右击，在弹出的快捷菜单中选择“设置背景格式”命令，更改背景中所填充的图片就行了。

此外，我们还可以把用背景填充的形状置于最上层，用它遮挡其他元素，以打造富有层次感的效果，具体操作如下。

步骤 01 沿着背景中的主体部分绘制线条。

步骤 02 沿着主体的轮廓绘制形状。

步骤 03 对该形状应用“幻灯片背景填充”功能。

再如下左图，沿着天际线绘制形状，应用“幻灯片背景填充”功能后，将形状置于文字之上。然后就会得到下右图这样的效果。

“幻灯片背景填充”功能在制作断线时十分方便，像下面这种效果，其实不是多条线段对齐，而是一条线被遮挡了一部分。

插入一个文本框，为它应用“幻灯片背景填充”功能，文本框放在哪里，就会遮住哪里的线条，看起来就像断线一样。

5.5 图标

5.5.1 高度精简的信息传达

图标可以起到代替文字、精简版面的作用。一个图标可以替代一个词语，在某些情况下，甚至可以代替一句话。汉字本身就是由象形文字发展而来的，我们现在看到文字能够理解其意思，是因为接受了多年的教育，但在直观易理解方面，图形仍然比文字出色。

例如，全世界的交通标志标牌都以图标为主，以文字为辅。即使看不懂文字，看到图标也能够大概了解它的意思。

由于这一优势，图标应用广泛。打开你的手机，屏幕上显示着一个个图标；走在路上注意看街边广告，就会发现它们上面多半都有图标；工作汇报 PPT、发布会 PPT 中也常常用图标来传达信息。

演示汇报中，图标能够使信息可视化，最常见的使用方法是将图标和文字搭配起来，以帮助观众直观地理解文字的意思。

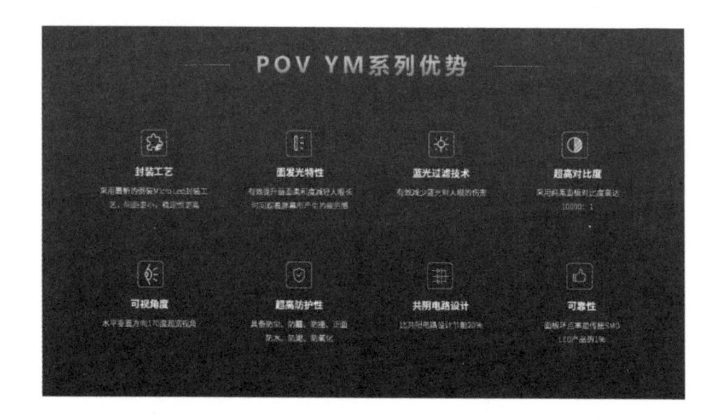

图标还能用于制作信息图、流程图，体现事物的不同状态。

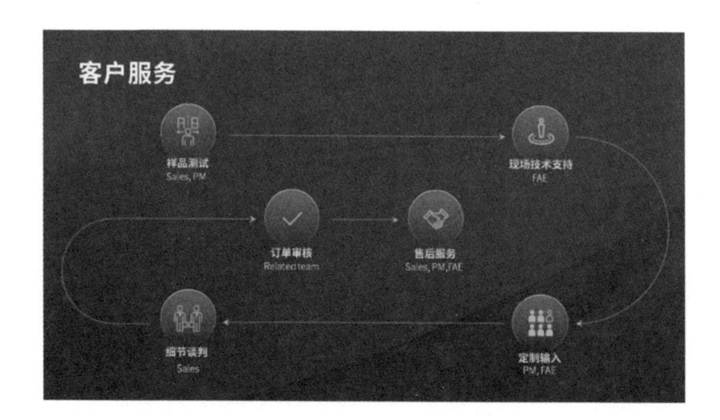

5.5.2 怎样获取图标

图标的起源是 Windows 操作系统中扩展名为 .icon 的文件。

Windows 作为图形化的操作系统，利用大量的 .icon 文件代替繁杂的 DOS 语句命令，用户只要双击某个 .icon 文件就能够打开应用，操作系统因此变得十分方便使用。

在 PPT 中获取图标主要有 3 种途径。

- 可以在专门的图标网站获取图标，如阿里巴巴矢量图标库、Icons8 等。
- 可以在 PPT 插件中获取，比如 iSlide 插件、口袋动画插件等。
- 可以在 PPT 中直接使用形状功能和布尔运算来绘制。

5.5.3 如何应用图标

大多数图标网站都提供多种格式的图标下载资源，一般包括 PNG 格式的位图和 SVG 和 EPS 格式的矢量图。

我们所说的 PNG 格式的图标实际上是一张背景透明的图片，它是位图的一种，在 PPT 中想要修改其颜色和形状都比较麻烦。因此强烈推荐使用 SVG、EPS 格式的图标，它们是矢量图形，我们随意放大或缩小，它们都不会模糊或变形；我们也可以在 PPT 中随意修改其颜色和描边。

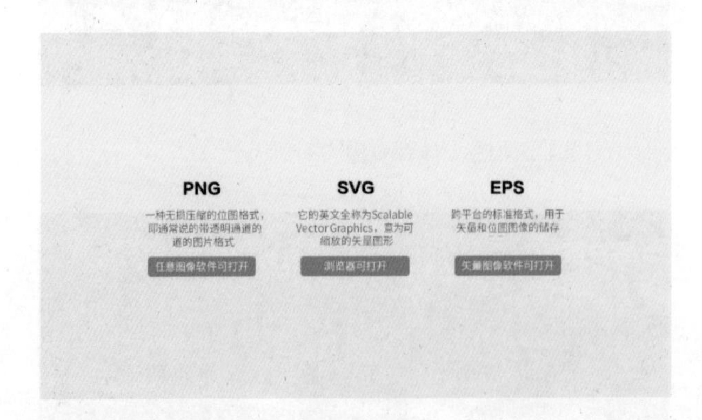

矢量图形可以使用 Illustrator 打开，在这里 Illustrator 只是一个传递员的角色。用 Illustrator 打开 eps 文件，复制图标并将其粘贴到 PPT 中，选中该对象，取消组合，再删除最前面的透明图层，就能够随意编辑该图标了。具体的操作方法如下。

步骤 01 用 Illustrator 打开 EPS 格式的文件。由于 PowerPoint 软件不能直接插入矢量格式的图标，我们需要这款软件担当一个传递员的角色。

步骤 02 将打开的图标复制，粘贴到 PowerPoint 软件中。在 Illustrator 中打开的矢量图文件，可以直接选中并进行复制，然后切换到 PPT 并粘贴图标即可。

步骤 03 粘贴到 PowerPoint 软件中的图形已经变成了矢量格式，但还附带了透明的背景，因此需要选中图形，取消组合，删除最前面的透明图层。此后，即可对图形进行编辑。

经过以上 3 个步骤处理的图标，即可在 PowerPoint 软件中进行改色、无损缩放、编辑顶点和拆分重组等操作。

5.5.4 图标使用技巧

图标的作者不同，制作的标准和风格就会有差异，线条、颜色、圆润程度等都不相同。即使是同一个图标，也有不同的样式。例如右边这页PPT 中，第 1 个图标是有阴影的，第 2 个图标是线条式的，第 3 个图标是填色的。

一个简单的线条图标在 PPT 中有多种使用方式，分别是直接使用（如右图所示）、加框线使用（如下左图所示）、反白使用（如下右图所示）。

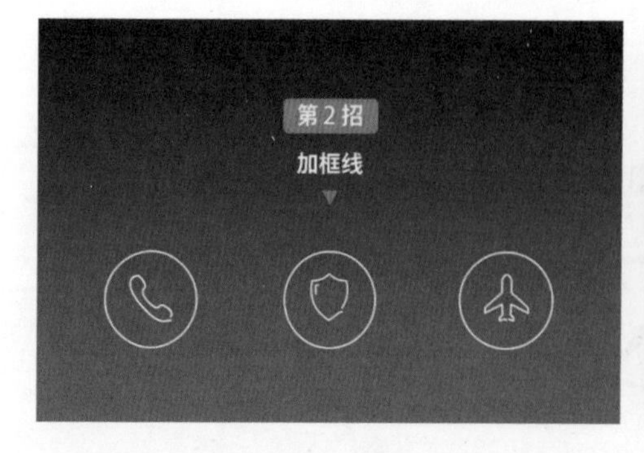

在图标的使用中，应当注意统一性。首先，同一页中的并列图标，风格应该一致。在右边这页 PPT 中，前 2 个是简单的白色线条图标，第 3 个突然变为填充了黄色的图标，看起来就不太协调。

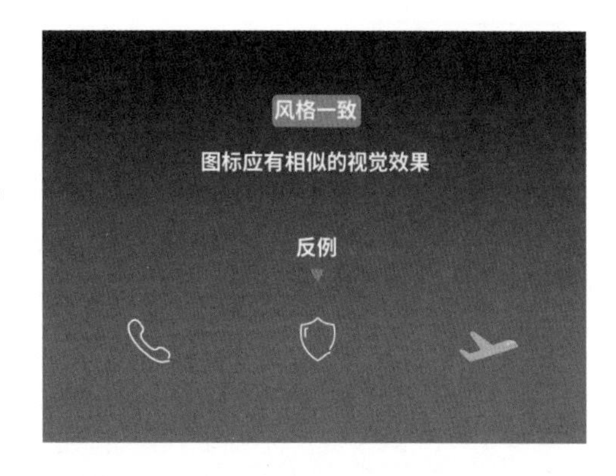

此外，构成图标的线条也应该有相同的粗细。同一个作者往往会制作出一套标准相同的图标，在寻找资源的过程中，可以按照集合的方式进行查找，这样得到的图标的线条粗细就是一致的。如果像右边这一页 PPT 一样，使用的图标的线条粗细不一致，看起来就会比较奇怪。

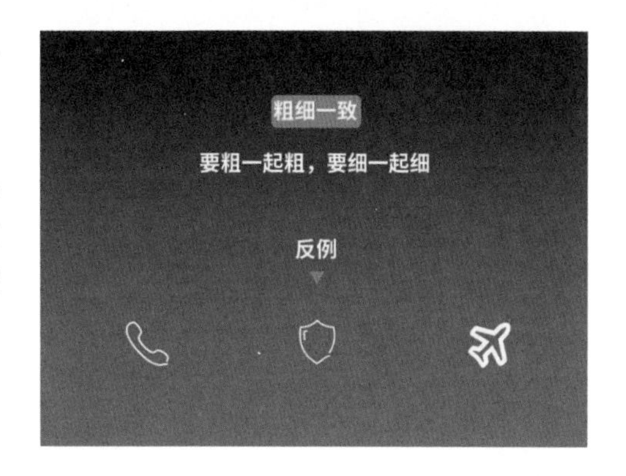

如果没有特殊的理由，图标的大小和距离也需要设置为相同的。由于每个图标的纵横比并不相同，因此在 PowerPoint 软件中直接用输入数值的方式修改其大小，并不能够保证一致性。比较好的方法是绘制参考线，从视觉上让排版变得有据可循。

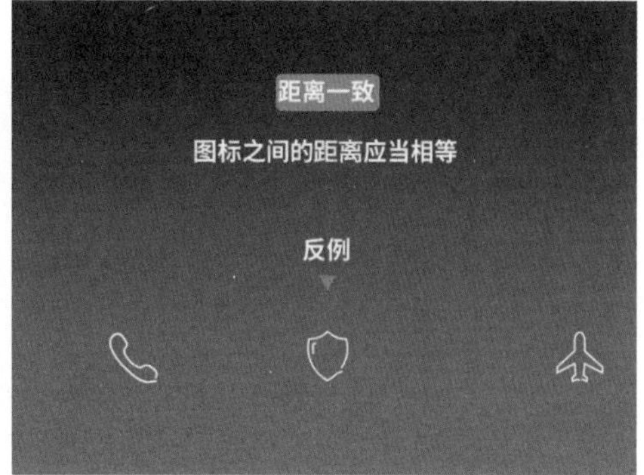

5.6 效率

也许你曾因需要在短时间内统一几十页 PPT 的排版而焦头烂额，也曾因几个元素始终对不齐而心烦意乱。很多人制作 PPT 时，把大量的时间浪费在重复的机械性工作上，抱怨 PowerPoint 软件用起来效率太低。其实磨刀不误砍柴工，正确使用一些提升效率的操作方法能让 PPT 的制作更加快捷、简单。

5.6.1 PPT 母版

母版是减少重复编辑操作、实现 PPT 重复利用的利器。母版，通俗地说就是为 PPT 预设一些格式，例如添加统一的标题格式、添加 Logo 和页码等，在母版中所进行的编辑可以应用到所有 PPT 中。

用母版进行设计有以下优点。

- 一个母版可以套用到任意多页 PPT 中。
- 修改母版，则对应的 PPT 格式随之变化。
- 母版有利于不同制作者做出风格统一的 PPT。

例如要为公司制作一套 PPT 模板，希望能够固定配色方案、形状方案、文字方案、Logo 位置等信息，并且希望别人直接应用它，不做出任何修改，那母版就是最好的选择。

打开PowerPoint之后就可以看到软件已经预设了很多母版样式，这些样式可以随意修改。用户可以在想要的位置插入一个文本框，作为标题的预留位置，并赋予它一定的格式；然后在标题的下方插入一个文本框，作为正文的预留位置，并赋予它一定的格式。

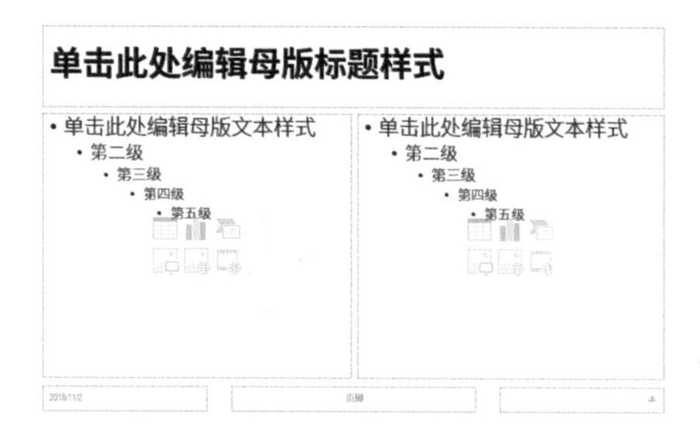

在母版设计中，特别值得一提的是插入占位符这一功能。

占位符是指提前在页面中占据一定的位置，供某个特定的元素使用。这个元素可以是图片，也可以是文字或图表。占位符的优点在于它只是确定了位置和大小，没有置入对应的内容。在利用占位符插入一张图片之后，单击删除图片，占位符依然存在，单击它又能在同样的位置以同样的格式插入另一张图片。

对于多张图片的排版而言，如果使用占位符来设计，就相当于创造了一个相册模板。单击占位符即可插入图片，删除图片后，该区域变回占位符，用户又可以重新快速插入另一张图片。

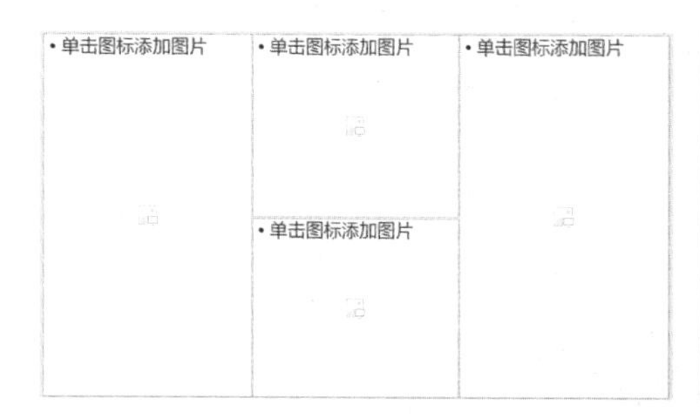

使用占位符，我们能够快速完成 PPT 的图文排版和图片替换。想象一下，你将自己汇报中常用的 PPT 页面抽象为排版方式，然后在母版中用占位符的方式完成设计，你就可以随时在另一场汇报中重复利用该排版方式了。

5.6.2 PPT 主题色

主题色可以理解为给 PPT 里要用到的颜色提前编号。例如，我们用了 3 种颜色做一份 PPT，暗红色是 1 号，粉红色是 2 号，亮红色是 3 号。做完之后发现，暗红色需要改成黄色，这时候我们不用一个色块一个色块地改，只需要告诉软件，把 1 号色对应的颜色改掉就行。

这样，所有编号为 1 号的形状、文字、描边全都会由暗红色变为黄色。

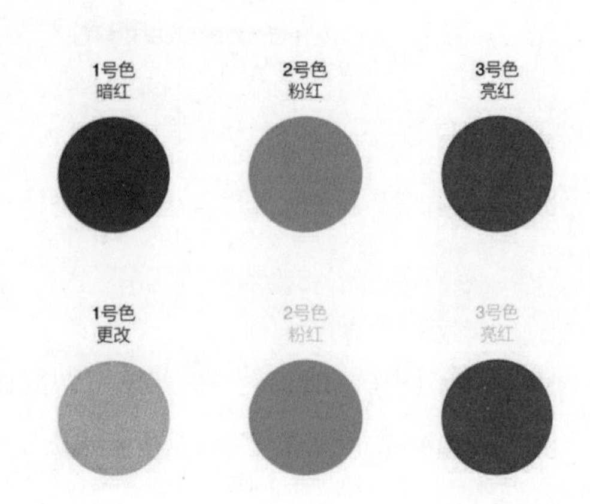

使用主题色设计的 PPT 有以下优点。

- 一键换色。
- 快捷地为插入的形状匹配主题色。
- 快捷地为插入的图表匹配主题色。
- 方便文件之间的相互复制、粘贴。

主题色的打开方式有两种。

方法一：在“视图”选项卡中单击“幻灯片母版”按钮，然后单击“颜色”按钮，这样就能打开主题色面板。

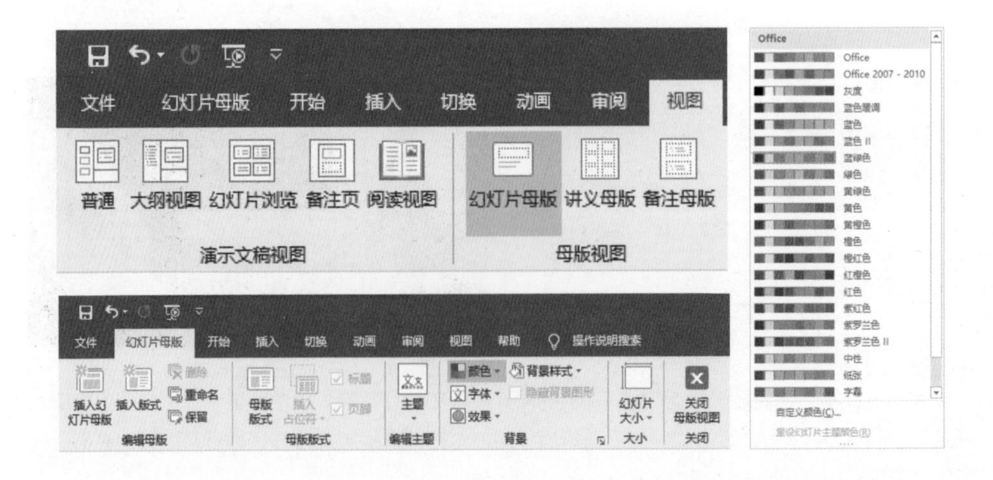

方法二：在“设计”选项卡中，在“变体”下拉菜单中选择“颜色”命令。

打开主题色面板后，单击其中的“自定义颜色”选项，进入“新建主题颜色”对话框，可以看到“主题颜色”中有 12 个颜色可以设置，分别为文字 / 背景颜色（4 个）、着色（6 个）、链接相关颜色（2 个），12 个颜色不用全部修改，它们所对应的功能如下图所示。

“着色 1”是最关键的，它是我们所插入形状的默认颜色，在修改“着色 1”的基础上，再对“着色 2”“着色 3”“着色 4”进行修改，就得到了一套由 4 个颜色组成的配色方案。

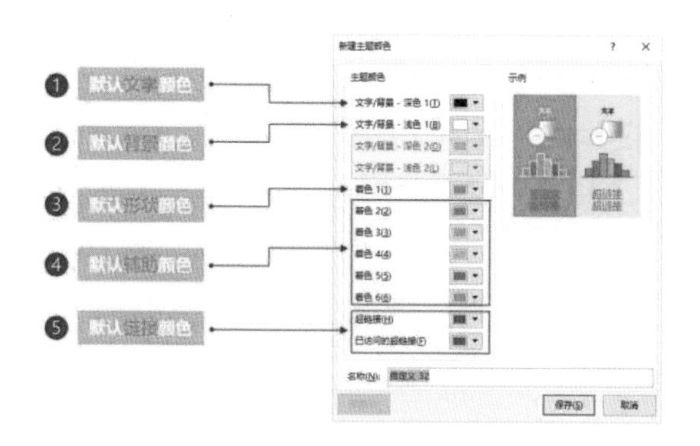

5.6.3 快捷键

PowerPoint 软件允许使用的快捷键很多，其中大多数我们都难有机会使用。但有一些快捷键对提升效率十分有帮助，我根据长期使用该软件的经验，为读者推荐几个实用的快捷键。

- 按住快捷键 Ctrl+Shift，能够沿坐标轴复制元素。
- 按 F4 键，可以重复上一步操作。配合上一个快捷键，可以十分快捷地制作多项并列形式的 PPT。
- 快捷键 Ctrl+L 可以实现左对齐，快捷键 Ctrl+R 可以实现右对齐，快捷键 Ctrl+E 可以实现居中对齐。

除了默认的快捷键外，我们还能为常用功能定义快捷键。在自己经常使用的功能上右击，在弹出的快捷菜单中选择“添加到快速访问工具栏”命令即可。

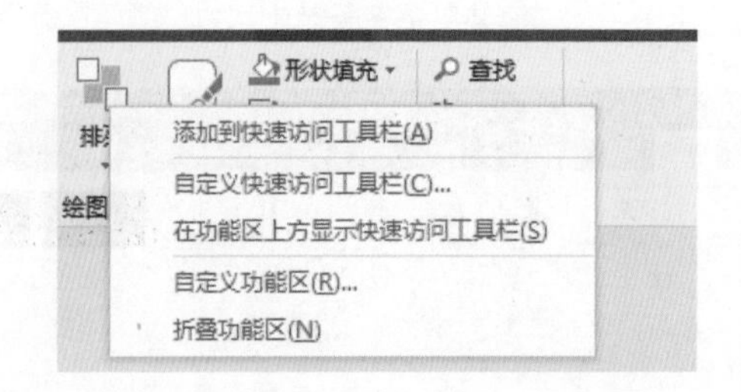

此时在软件的菜单栏中就会出现刚刚添加的功能，并自动为其添加“Alt+ 数字”形式的快捷键，这里的数字是该功能在快速访问工具栏中的序号。如果快速访问工具栏里没有功能，那刚刚添加的功能的快捷键就是 Alt+1；如果已经有了 4 个功能，那刚刚添加的功能的快捷键就是 Alt+5。

定义好自己习惯使用的快捷键，能够大幅提高工作效率。例如插入图片、插入文本框和格式刷等常用功能，每次都要在选项卡中一层一层地寻找，很浪费时间，将它们设置为快捷键之后，迅速就能调用。

5.6.4 PPT 插件

PowerPoint 软件支持插件的安装，这些插件有的能让排版变得更简单，有的能让动画制作变得更方便。各种插件的安装和操作都比较相似：在官网上下载安装包，安装完成后，PowerPoint 软件的菜单栏里面就会出现该插件的相关选项。

1 iSlide 插件

iSlide 插件具备一键优化 PPT 排版的功能，能够快速实现 PPT 页面的图形布局和复制排列工作。例如，要将多个形状排版为圆环状，手工操作会花很多时间，但 iSlide 插件中的环形布局功能却能够快速实现这一效果。该插件还包含了不少主题库、色彩库、图示库和图表库。

2 OneKey 插件

OneKey 插件简称 OK 插件，软件功能涵盖形状、图片、调色、表格、图表、音频和辅助等领域。例如，PPT 中不能实现的随机排列，利用 OneKey 插件可以很容易实现。

3 口袋动画插件

口袋动画插件是一款致力于简化 PPT 动画设计过程、完善 PPT 动画功能的插件，能够实现很多酷炫的动画效果。

5.7 图表

5.7.1　正确选择图表类型

PPT 里的图表大体分为两种，对于可量化的信息，我们一般会将其转化为柱状图、饼状图等数据图表形式；对于不可量化的逻辑信息，可以用概念性图形组成逻辑关系图来表达。

数据图表的展现形式大致可以分为比较、关联、构成和分布 4 类，下图所示为这 4 类展现形式对应的不同用途的图表。

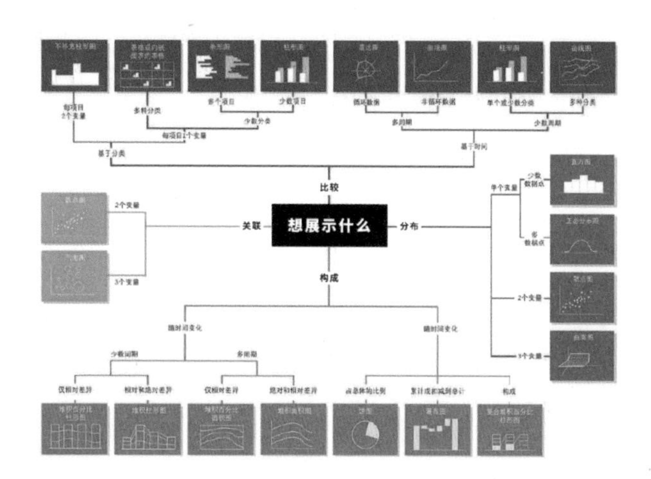

逻辑关系图是实现可视化演示、解释逻辑和概念的利器。它利用概念性、视觉性的图形来传达信息。概念性图形，如抽象的圆形、矩形、多边形和箭头等。视觉性图形是对客观事物的模仿，如雨伞、树木、阶梯等。

利用图表这种表达方式十分自由，我们可以寻找合适的资源来传达自己的关键信息，也完全可以自己设计图形来阐明信息。常用逻辑关系分为 4 类：并列、递进、对比和总分。

5.7.2 常用逻辑关系

1 并列关系

并列关系指多个要素之间呈现平等关系，也包括多项的循环。例如，公司新建立了 3 个事业部，它们属于并列关系。

2 递进关系

递进关系指多个要素之间呈现不同层级或发展阶段，也包括以时间为标尺的时间线关系。例如，完成某项工作的流程和时间安排就属于递进关系。

3 对比关系

对比关系旨在说明两个或多个要素之间的差异。例如，某个软件用户的男性使用者数量和女性使用者数量就属于对比关系。

4 总分关系

总分关系是指一个要素与其他要素之间存在包含或归因关系。例如，为了完成某项工作，需要从 6 个方面努力，完成工作与 6 个方面的努力就属于总分关系。

5.7.3　让图表看起来更专业

1 逻辑关系图的统一

从设计角度讲，要让逻辑关系图看起来美观，至少要做到 4 点：版式统一，颜色统一，效果统一，文字统一。在版式上应考虑元素的对齐，颜色不要杂乱，多页图表之间应用相同或相似的效果，与图表相搭配的文字也应该依据一定的规则排版。这样，即使在多页 PPT 中应用不同的图表，PPT 整体也不会显得杂乱。

2 简化数据图表

数据图表中一般包括图表标题、坐标轴标题、类别名称、数据标签、图例和网格线等要素。除非其制作要求像论文那样严格，否则不必将所有的要素都用上。其实在保证意思清晰的基础上删掉某些元素，反而能让图表看起来更加专业。

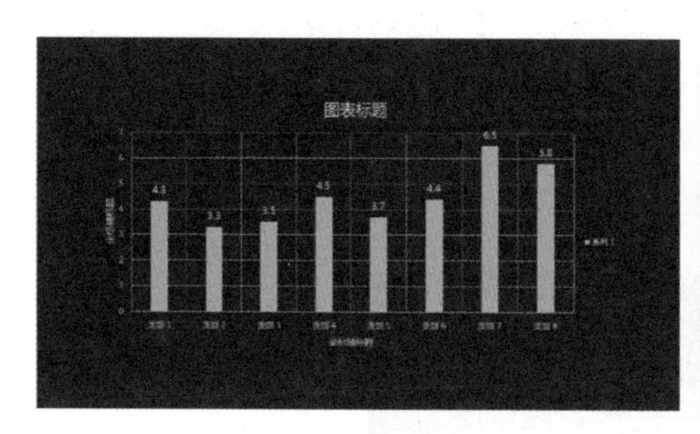

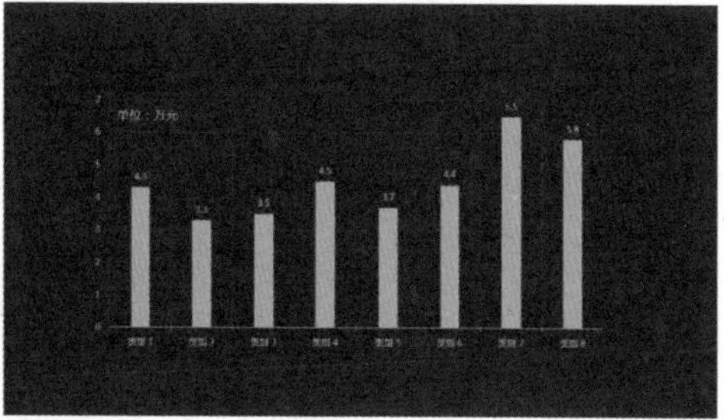

3 替换元素

恰当地替换图表中原有的要素形状，也能够提升图表的设计感。例如，我们可以将柱状图中的矩形替换为平滑的曲线形状。

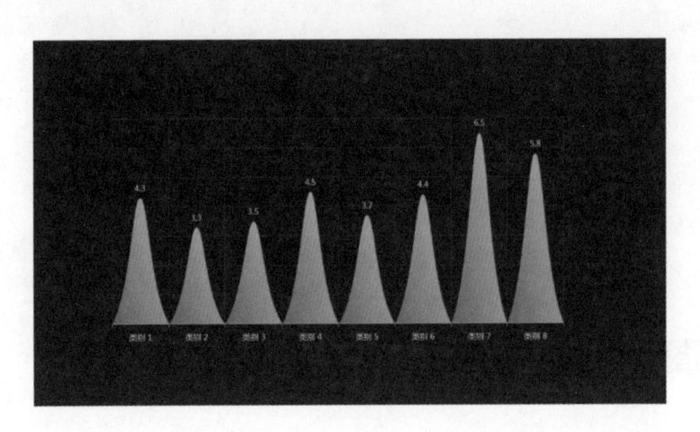

替换单个形状的具体操作步骤如下。

步骤 01 绘制替代矩形的形状。

步骤 02 选中该形状，按快捷键 Ctrl+C 进行复制，然后选中图表的矩形数据系列，接着按快捷键 Ctrl+V 进行粘贴。

同理，我们可以将矩形替换为很多其他的形状。

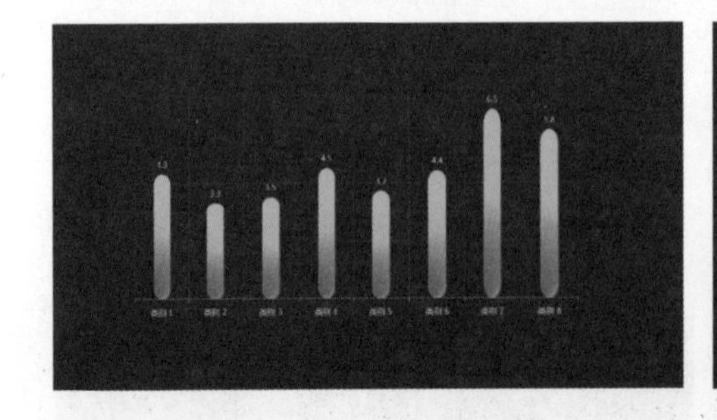

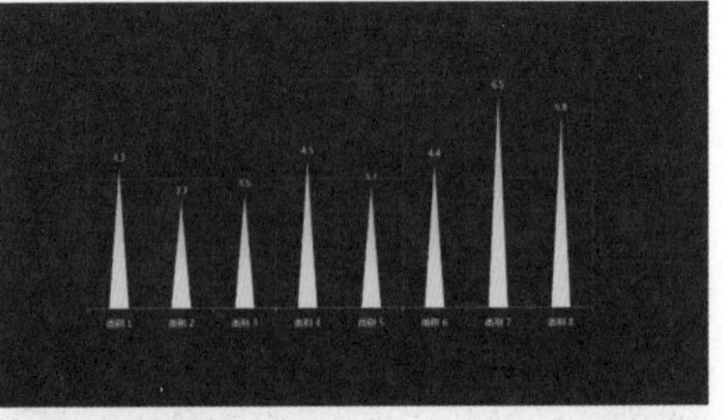

除了替换为单个的形状外，还可以通过视觉性图形的叠加来表现数量关系。

叠加视觉图形的具体操作步骤如下。

步骤 01 插入人物图形素材到 PPT 中。

步骤 02 选中素材并进行复制，接着选中图表数据系列，粘贴复制的素材。

步骤 03 在保持选中的状态下，如右图所示选择“层叠”单选项。

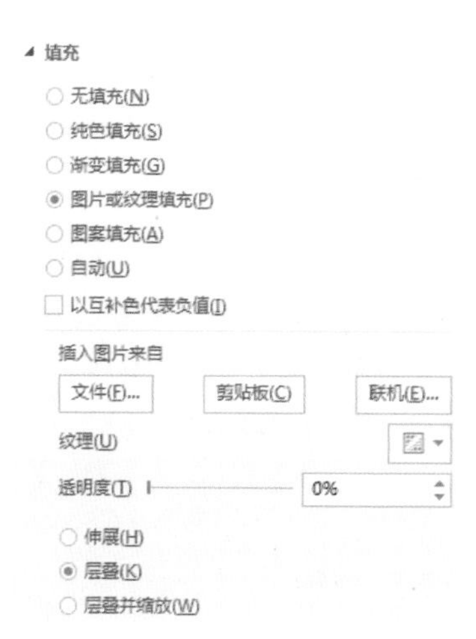

如此一来，在修改图表数据的时候，图形素材的覆盖比例也会随着数据的修改而改变。

5.7.4　让表格看起来更专业

相对于我们在表格内容中所花费的精力而言，表格的呈现方式往往就显得太过草率了。

一个表格是否具有强大的说服力，除了本身的数据之外，很大程度上还取决于它是否给观众留下了可信的印象。而整齐、美观的呈现方式，就是可信的表象。

序号	类别	节点任务	计划完成时间	实际完成时间
1	[illegible]	建设工程施工许可证	2018年9月18日	2018年9月17日
2	[illegible]	完成[illegible]层地下结构	2018年5月4日	2018年4月26日
3	[illegible]	完成地下室结构施工	2018年11月30日	2018年11月20日
4	[illegible]	完成地下室以上2层	2018年12月30日	2018年11月20日

如果在一场演示里出现了类似上图这种形式的表格，不得不让人怀疑里面的信息是否准确。

要让表格看起来舒适，可以从其普遍特征入手，即大部分表格都是信息繁杂、平铺直叙的。对应的，我们努力的方向应该是清爽和易读。

基于此，我将表格设计区分为 3 个层级。

第 1 层级：必须整齐。

第 2 层级：容易阅读。

第 3 层级：在有需要的情况下突出重点信息。

1 必须整齐

影响表格整齐程度的因素包括对齐方式、行列宽度、单元格样式。表格首列一般采用居中对齐或左对齐方式。

具体来讲，多行之间字数相差大的，首先考虑左对齐方式，因为左对齐拥有比居中对齐更强烈的参考线，更便于阅读。

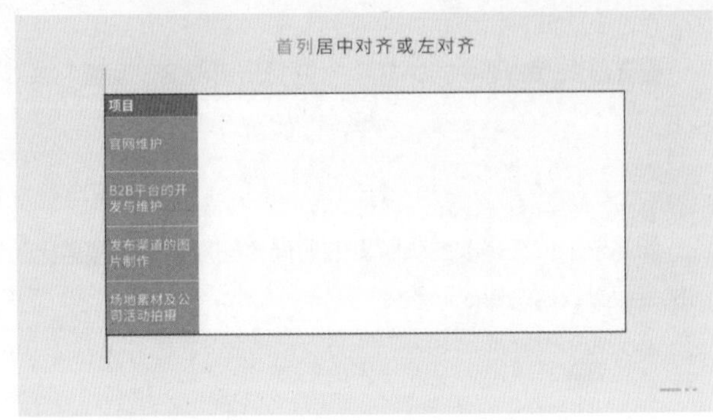

如果使用居中对齐方式，阅读起来就没那么容易。

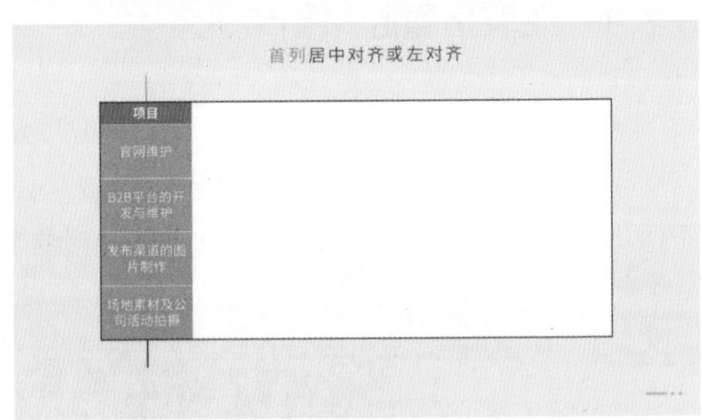

而像序号这种文字少的情况，一般直接使用居中对齐方式。

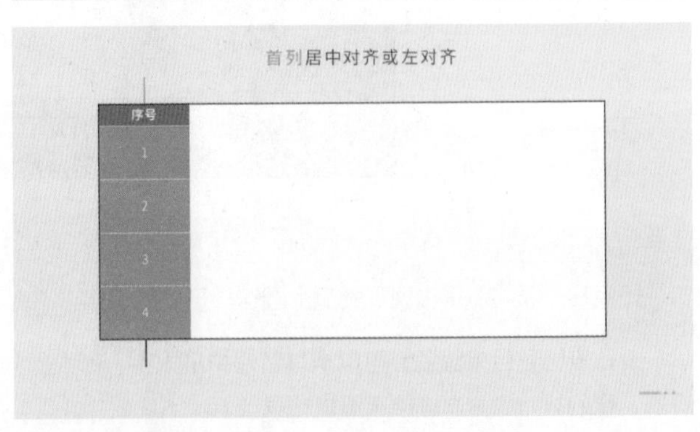

同样，对于内容列，文字比较少的可以采用居中对齐的方式，文字比较多的可以采用左对齐的方式进行排版。

对于数字，特别是带小数点的数字，推荐使用右对齐的方式，这样它们的大小关系会更为明确。

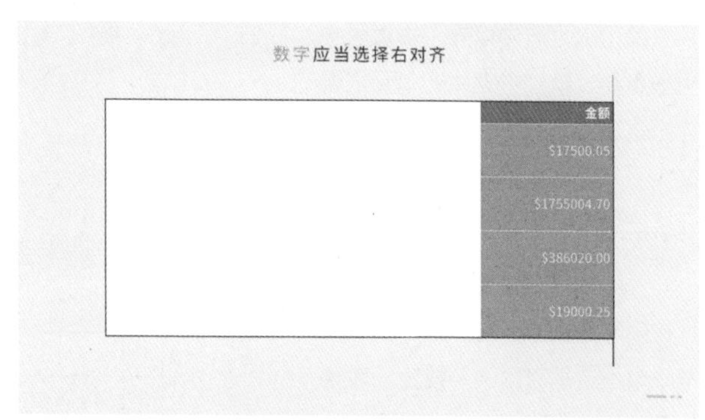

如果使用居中对齐方式，数字之间的大小关系看起来就没那么直观。

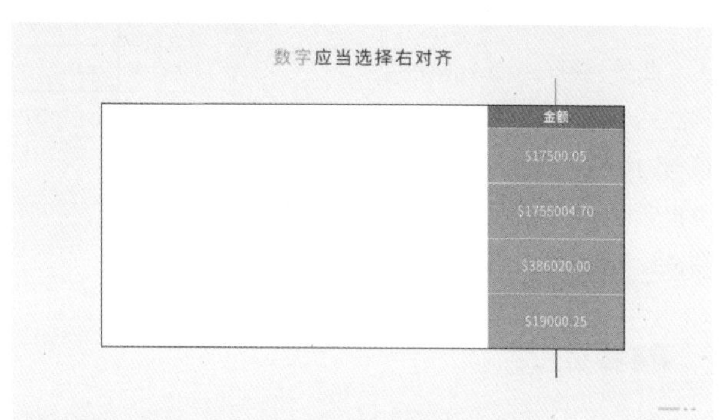

除了单列对齐之外，为了使表格整齐，还需确保行与列平均分布。选中表格中的若干行或若干列，利用“布局”选项卡中的相关功能，可以直接让它们平均分布。

表格设计

序号	类别	节点任务	计划完成时间	实际完成时间
1	一级	建设工程施工许可证	2018年9月18日	2018年9月17日
2	一级	完成二层地下结构	2018年5月4日	2018年4月26日
3	一级	完成地下室结构施工	2018年11月30日	2018年11月20日
4	一级	完成地下室以上2层	2018年12月30日	2018年11月20日

右上表是平均分布之前的效果，如果某一行或某一列特别宽，会给人造成“它很重要”的错觉。上面这张表格，你是不是第一眼就看到了最后一列呢？右下表是平均分布之后的效果，看起来十分整齐。

表格设计 HBJDESIGN

序号	类别	节点任务	计划完成时间	实际完成时间
1	一级	建设工程施工许可证	2018年9月18日	2018年9月17日
2	一级	完成二层地下结构	2018年5月4日	2018年4月26日
3	一级	完成地下室结构施工	2018年11月30日	2018年11月20日
4	一级	完成地下室以上2层	2018年12月30日	2018年11月20日

除了水平居中以外，垂直居中也很重要。软件中默认的单元格填充方式是顶端对齐，我们经常觉得文字不在单元格的正中，而是在单元格的顶部就是这个原因。

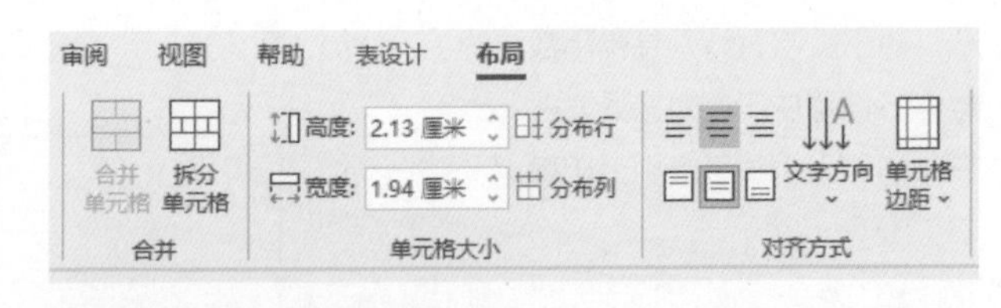

选中表格，菜单栏将自动出现“布局”选项卡，在“布局”选项卡中单击“垂直居中”按钮，表格一下就整齐多了。

表格设计

序号	类别	节点任务	计划完成时间	实际完成时间
1	一级	建设工程施工许可证	2018年9月18日	2018年9月17日
2	一级	完成二层地下结构	2018年5月4日	2018年4月26日
3	一级	完成地下室结构施工	2018年11月30日	2018年11月20日
4	一级	完成地下室以上2层	2018年12月30日	2018年11月20日

此外，每一个单元格都是一个独立的个体，其中所填充的文字应该与边线有一定的距离，而不是挤满整个单元格。如此，整个表格才会有疏有密，看起来比较美观。

2 容易阅读

为表格添加这种间隔式的浅色填充效果，能够让表格本身成为一种按规律重复的设计，这种视觉效果能让表格看起来不那么呆板。

表格设计

序号	类别	节点任务	计划完成时间	实际完成时间
1	一级	建设工程施工许可证	2018年9月18日	2018年9月17日
2	一级	完成二层地下结构	2018年5月4日	2018年4月26日
3	一级	完成地下室结构施工	2018年11月30日	2018年11月20日
4	一级	完成地下室以上2层	2018年12月30日	2018年11月20日

表格的外框线是表格和其他元素之间的界限，应具有强烈的隔离效果。而在大多数的表格中，我们看到的都是外框线与内框线一致，它们有着一样的颜色、一样的粗细。

表格设计

序号	类别	节点任务	计划完成时间	实际完成时间
1	一级	建设工程施工许可证	2018年9月18日	2018年9月17日
2	一级	完成二层地下结构	2018年5月4日	2018年4月26日
3	一级	完成地下室结构施工	2018年11月30日	2018年11月20日
4	一级	完成地下室以上2层	2018年12月30日	2018年11月20日

弱化内部框线，一方面强化了表格作为一个整体的效果，另一方面又将视觉重点让给了具体信息。

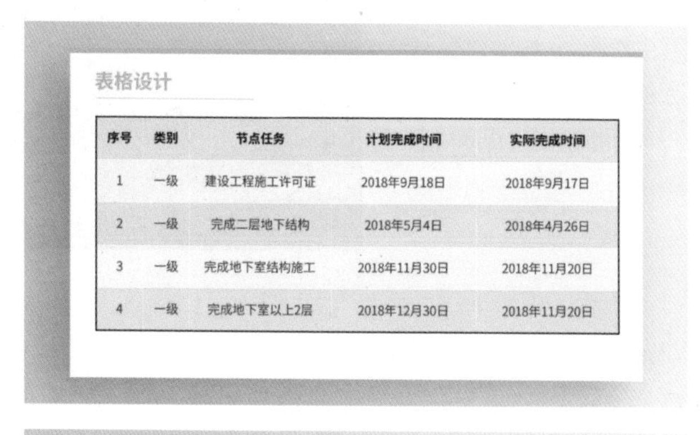

表格设计

序号	类别	节点任务	计划完成时间	实际完成时间
1	一级	建设工程施工许可证	2018年9月18日	2018年9月17日
2	一级	完成二层地下结构	2018年5月4日	2018年4月26日
3	一级	完成地下室结构施工	2018年11月30日	2018年11月20日
4	一级	完成地下室以上2层	2018年12月30日	2018年11月20日

表格设计

序号	类别	节点任务	计划完成时间	实际完成时间
1	一级	建设工程施工许可证	2018年9月18日	2018年9月17日
2	一级	完成二层地下结构	2018年5月4日	2018年4月26日
3	一级	完成地下室结构施工	2018年11月30日	2018年11月20日
4	一级	完成地下室以上2层	2018年12月30日	2018年11月20日

下面这个表格的内框线简化到只有横向的 3 条线，即变成了学术论文中常用的“三线表”。

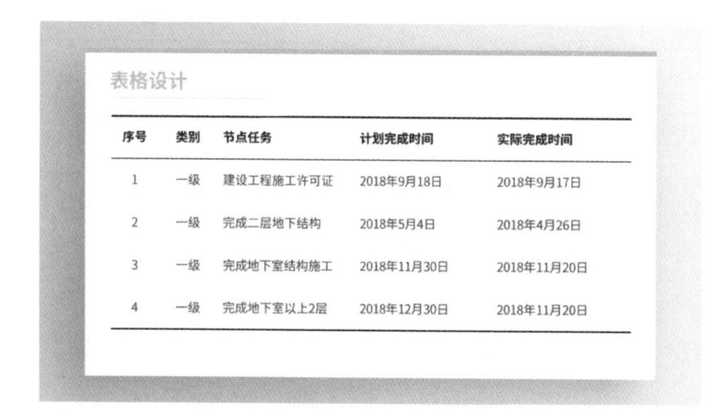

表格设计

序号	类别	节点任务	计划完成时间	实际完成时间
1	一级	建设工程施工许可证	2018年9月18日	2018年9月17日
2	一级	完成二层地下结构	2018年5月4日	2018年4月26日
3	一级	完成地下室结构施工	2018年11月30日	2018年11月20日
4	一级	完成地下室以上2层	2018年12月30日	2018年11月20日

在实际应用中，不一定真的只添加 3 条横线。我们可以保留所有横线，去掉所有竖线；也可以保留所有竖线，去掉所有横线。

修改表格的框线，分为 4 个步骤。

（1）重置，将原有表格的所有框线去除。

（2）定义新框线的颜色。

（3）定义新框线的线宽。

（4）框选合适的单元格范围，重新绘制框线。

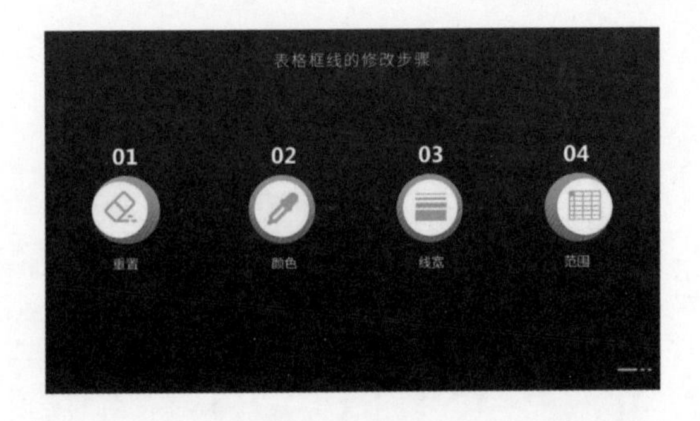

具体操作步骤以制作三线表为例进行讲解。

步骤 01 选中表格，菜单栏将自动出现“表设计”选项卡，在该选项卡中打开“边框”下拉菜单，在其中选择“无框线”命令。

步骤 02 同样在“表设计”选项卡中，打开“底纹”下拉菜单，在其中选择“无填充”命令。

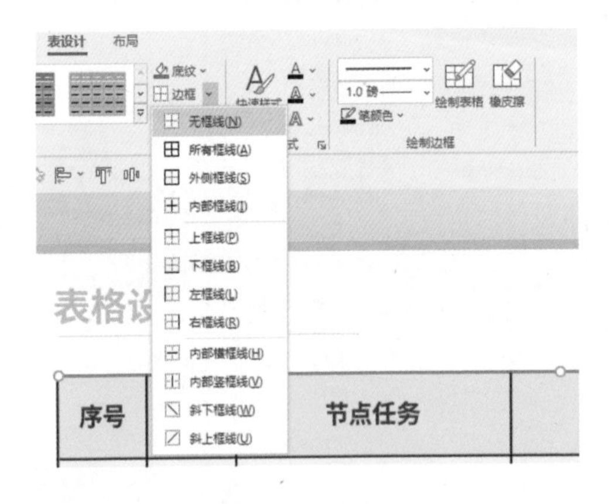

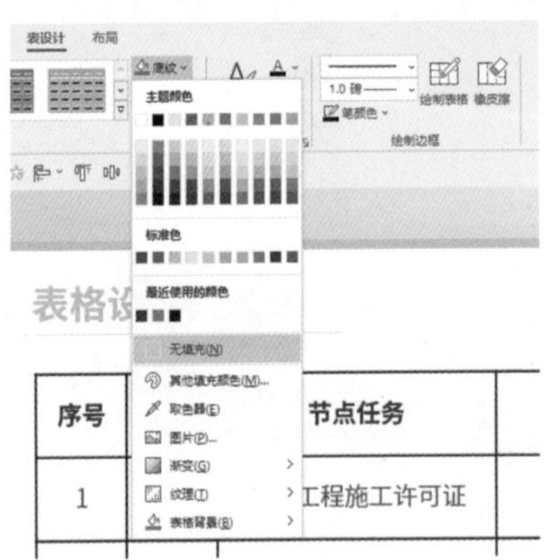

步骤 03 此时，表格将变为无边框、无填充的样式。

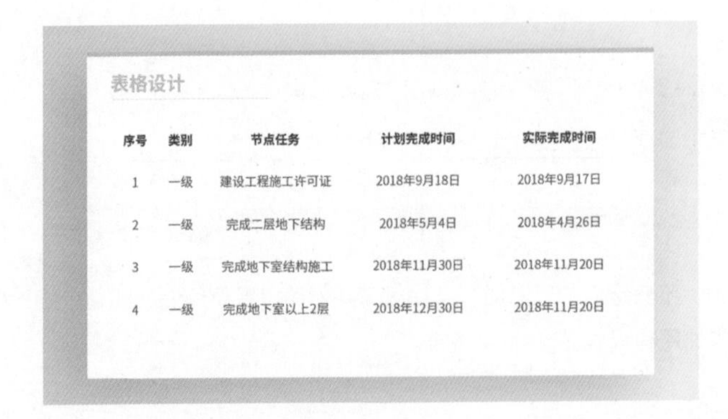
表格设计

序号	类别	节点任务	计划完成时间	实际完成时间
1	一级	建设工程施工许可证	2018年9月18日	2018年9月17日
2	一级	完成二层地下结构	2018年5月4日	2018年4月26日
3	一级	完成地下室结构施工	2018年11月30日	2018年11月20日
4	一级	完成地下室以上2层	2018年12月30日	2018年11月20日

步骤 04 选择颜色。在“表设计”选项卡中设置“笔颜色”为黑色。

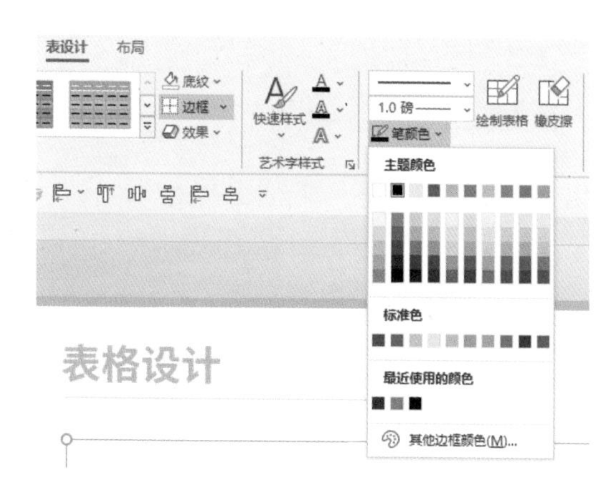

步骤 05 选择线宽。在“表设计”选项卡中设置“线宽”为“3.0 磅”。

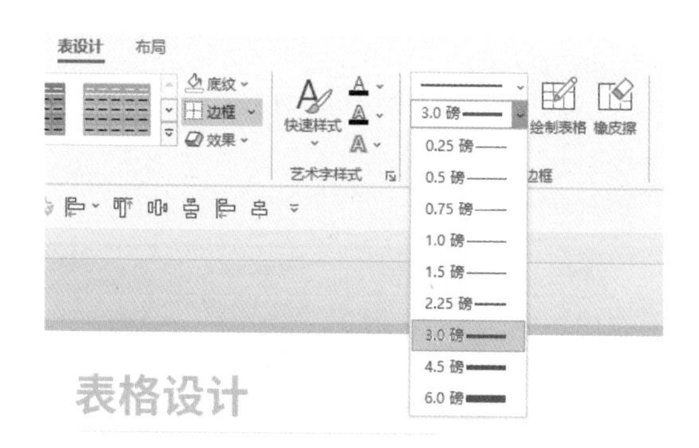

步骤 06 选中整个表格，在“表设计”选项卡的“边框”下拉菜单中依次选择“上框线”和“下框线”命令，此时表格最上方和最下方的横线就出现了。

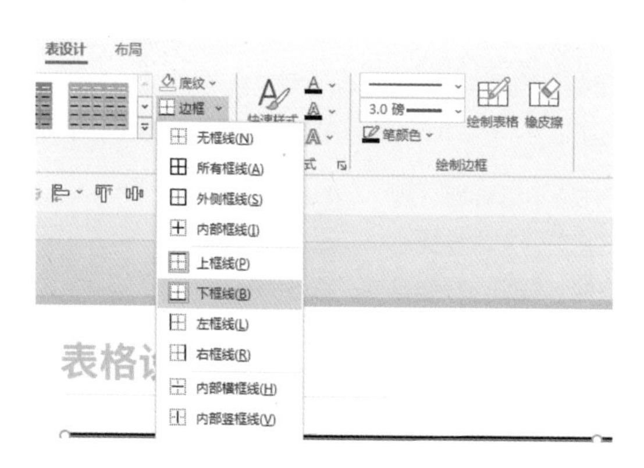

步骤 07 再次打开“线宽”下拉菜单，调整线宽为“1.5 磅”。

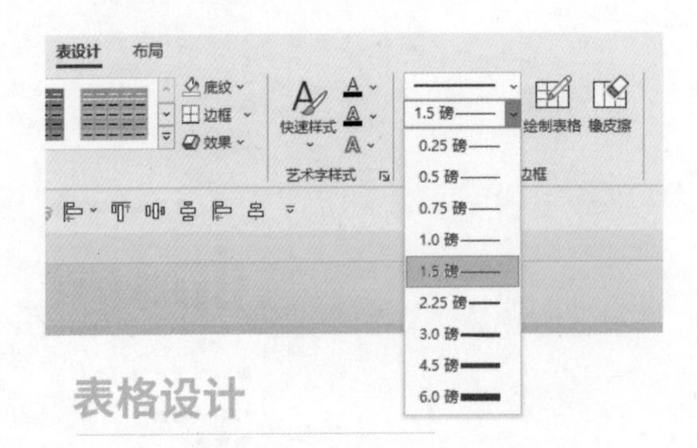

步骤 08 选中表格的第 1 行，在“边框”下拉菜单中选择“下框线”命令，此时三线表中的第 3 根线就出现了。

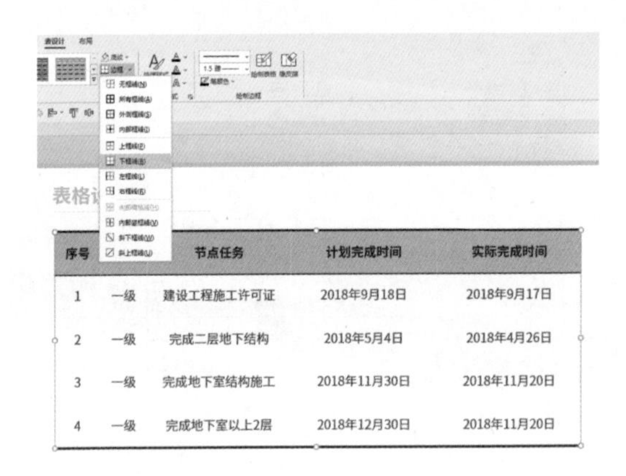

序号		节点任务	计划完成时间	实际完成时间
1	一级	建设工程施工许可证	2018年9月18日	2018年9月17日
2	一级	完成二层地下结构	2018年5月4日	2018年4月26日
3	一级	完成地下室结构施工	2018年11月30日	2018年11月20日
4	一级	完成地下室以上2层	2018年12月30日	2018年11月20日

3 在有需要的情况下突出重点信息

很多情况下，PPT 里的表格是直接从 Excel 里复制粘贴过来的。Excel 要求的是详细、精确，所有信息应该分到不同的属性下，例如项目编号和项目名称，就不可能放在一列里。

而在 PPT 里，我们往往不需要那么复杂的信息分类，可以尝试将首列文字与描述文字融合在一起，简化表格。例如，右边这页 PPT 表格中的第 1 列就包含了 3 种信息：编号、节点等级和具体任务。

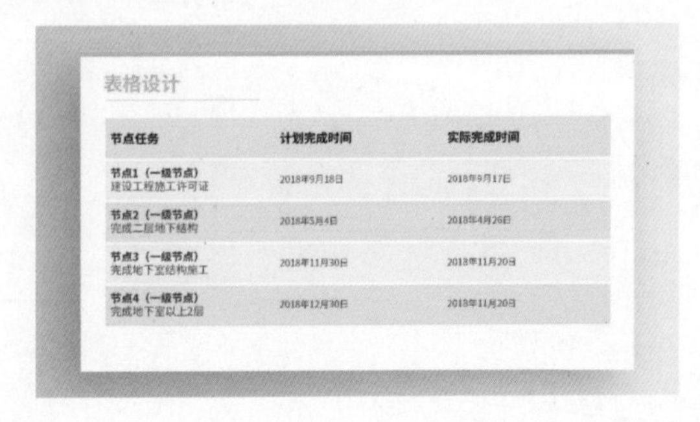

节点任务	计划完成时间	实际完成时间
节点1（一级节点） 建设工程施工许可证	2018年9月18日	2018年9月17日
节点2（一级节点） 完成二层地下结构	2018年5月4日	2018年4月26日
节点3（一级节点） 完成地下室结构施工	2018年11月30日	2018年11月20日
节点4（一级节点） 完成地下室以上2层	2018年12月30日	2018年11月20日

对于底色，除了间隔式的浅色填充之外，还可以使用深色的填充和反白的文字来突出标题。

当需要强调某一行数据时，我们可以用独特的颜色来填充它，以突出该行数据。

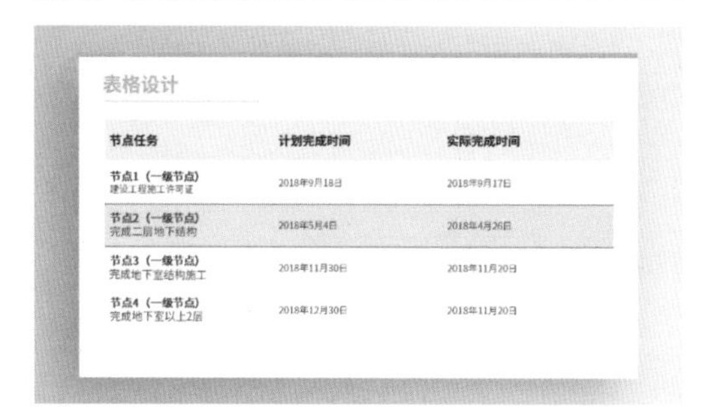

放大关键文字，或使用其他素材，如图片、图标等，也能起到强调信息的作用。

总结一下，在整齐、易读的理念下，表格的美化主要包括以下 3 个方面。

- 选用合理的对齐方式，注意垂直居中和行列的平均分布。
- 通过底色的变化创建易读的表格，内部底色宜浅不宜深；标题若以深色为底，文字需反白显示。
- 弱化内框线，将观众的注意力引向内容。

只要遵循以上 3 点，就能不拘泥于单一形式，做出美观的表格。

我们再用一个案例来梳理一遍流程，原表如下图所示。

数据类型	采集方式	采集技术
静态	统计调查	人工技术、抽样调查等
动态	定点采集	感应线圈、红外检测、微波检测、超声波检测、激光检测、视频检测等
动态	动态采集	GPS定位、手机定位等
动态	其他	公交IC卡数据、停车场管理数据、遥感数据等

（1）水平对齐。

（2）平均分布行列，垂直居中。

表格设计

数据类型	采集方式	采集技术
静态	统计调查	人工技术、抽样调查等
动态	定点采集	感应线圈、红外检测、微波检测、超声波检测、激光检测、视频检测等
动态	动态采集	GPS定位、手机定位等
动态	其他	公交IC卡数据、停车场管理数据、遥感数据等

表格设计

数据类型	采集方式	采集技术
静态	统计调查	人工技术、抽样调查等
动态	定点采集	感应线圈、红外检测、微波检测、超声波检测、激光检测、视频检测等
动态	动态采集	GPS定位、手机定位等
动态	其他	公交IC卡数据、停车场管理数据、遥感数据等

（3）间隔式地填充表格。

（4）弱化内框线。

表格设计

数据类型	采集方式	采集技术
静态	统计调查	人工技术、抽样调查等
动态	定点采集	感应线圈、红外检测、微波检测、超声波检测、激光检测、视频检测等
动态	动态采集	GPS定位、手机定位等
动态	其他	公交IC卡数据、停车场管理数据、遥感数据等

表格设计

数据类型	采集方式	采集技术
静态	统计调查	人工技术、抽样调查等
动态	定点采集	感应线圈、红外检测、微波检测、超声波检测、激光检测、视频检测等
动态	动态采集	GPS定位、手机定位等
动态	其他	公交IC卡数据、停车场管理数据、遥感数据等

第 6 章

PPT 动画的运用

本章导读

人类天生对运动的物体比较敏感，在 PPT 中插入合适的动画，能够起到吸引眼球、提升规格、辅助讲解的作用。PPT 自带的动画都比较简单，但是我们可以通过对简单动画进行组合和创造性的应用取得让人耳目一新的效果。

此外，制作 PPT 也不必局限在 PowerPoint 这一个软件中完成。事实上，越来越多重要的 PPT 使用了多种软件来提升演示效果，各种各样的专业软件都可以为制作 PPT 服务。我们在前面讲过，PPT 是可视化表达的最佳容器，比如用 Photoshop 处理的图像，或者用 Illustrator 绘制的图形，都能够放入 PPT 中。

6.1 谨慎使用动画

在大多数PPT中，动画其实都用得很少，主要有以下几个原因。

1 动画不能被打印出来

现在很多 PPT 文件是作为工作成果提交的，有的还需要打印成册，在会场上分发给每一个参会者阅读。这类 PPT 不适合添加动画，因为添加动画后，元素往往会出现重叠或移位。举个例子，如果在页面中添加了 3 个关键词，让它们依次动态出现，但打印出来后，3 个关键词就会重叠在一起。需要保存为 PDF、图片格式传播的 PPT 也是同样的道理。

2 动画不利于协同修改

很多时候，一份 PPT 是多个部门协同完成的，并且会经历多个层级的审核和修改。如果在 PPT 中添加了动画，修改起来就会变得很麻烦。

举个极端的例子，打开一页 PPT，播放效果非常棒。打开动画窗格一看，每一个元素都添加了动作路径动画，如此精密的设计，看都看不懂，怎么敢修改？动画太多，PPT 就成了作品，而不是交流工具。

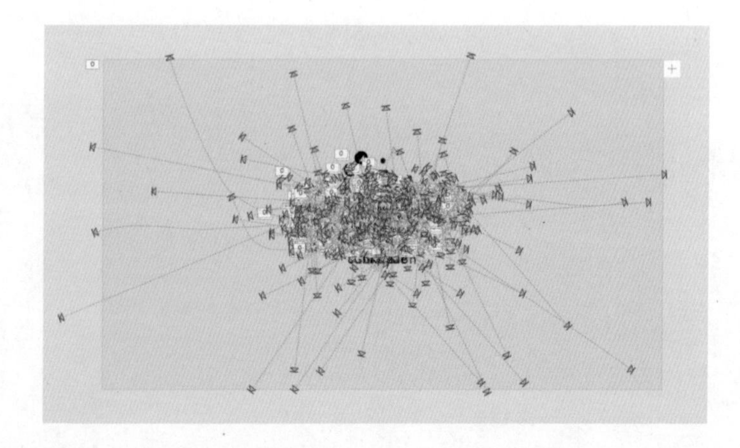

3 播放动画容易出意外

如果一位演示者在演示过程中不小心多点了一下切换键，PPT 就会伴随着动画效果意外地切换到下一页。这时需要回过头来继续讲上一页 PPT，观众就不得不再看一次冗长的动画。

在一场大型的演示中，演示者往往背对屏幕。动画的持续时间和演示者的讲述是否契合，也是一个大问题。动画的连续性容易被意外打破，太过花哨的动画显得不够稳重。

6.2 运用组合动画

PowerPoint 软件内置的元素动态效果比较有限，单独使用很容易被认出来，没有惊喜感。下图展示了 PowerPoint 软件中常用的动画，分为 4 个种类：“进入”动画、“强调”动画、“退出”动画和“动作路径”动画。

但是通过对有限的动画的组合，我们可以做出很多有意思的动画，也就是让元素在同一时刻被赋予两种或多种动画效果——它可能在放大的同时也在移动，也可以在闪烁之后立即消失。

下面推荐几种我经常使用的组合动画，它们在实际应用中都有不错的效果。

1 淡化（进入）+ 淡化（退出）

让一个元素先慢慢融入画面，再慢慢退出画面，就是这么简单的组合动画却能够带来非常棒的效果。举个例子，两张图片，一张比较亮，一张比较暗。把较亮的图盖在较暗的图上，缓慢出现，再缓慢消失。

想象一下，页面就像在“呼吸”，配合主题，表现出创意被点亮的感觉。

2 动作路径 + 遮罩效果

如果要在 PPT 里做出连续动画效果，动作路径动画是不二选择，PowerPoint 软件内置的动画基本都是独立的动画，出现伴随着结束，但动作路径动画能让一个元素连续移动。

举个例子，将几张图片组合起来，放在一个中心缺口形状的下方，添加动作路径动画，人物就会逐个通过这个缺口展现出来，这样就会比常规的图片呈现方式更加有趣。

3 缩放（进入）+ 放大 / 缩小（强调）

缩放进入加上放大 / 缩小强调动画，可以营造一种弹跳的效果，营造 PowerPoint 软件内置的进入动画所没有的灵动感。这种弹跳效果就像往一面玻璃上扔一个弹性十足的塑胶球，我们站在玻璃的另一面看这个球击打出的截面那样。这个组合动画的实质是进入动画和强调动画之间有一定的时间重叠。

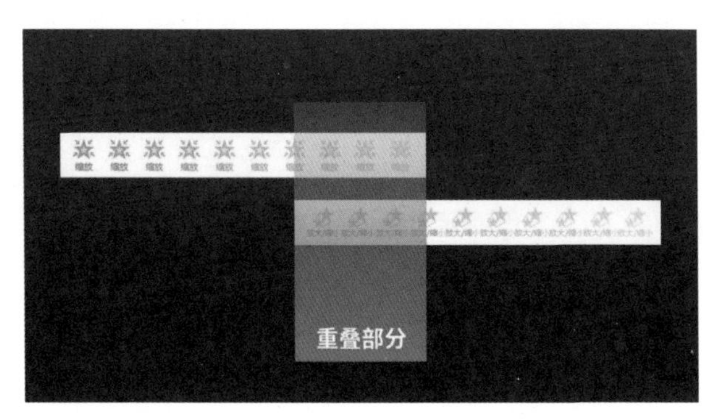

在进入动画播放一段时间之后，就由放大 / 缩小的强调动画来接替整个画面，让主题放大到一定的程度又自动弹回去，连起来看就是一种弹跳的效果。

具体参数设置如下。

缩放进入动画的持续时间为 0.5 秒。

放大 / 缩小动画的“尺寸”设置为“105%”，选择“自动翻转”复选项，设置“持续时间”为“00.30”秒，“延迟”为“00.30”秒。

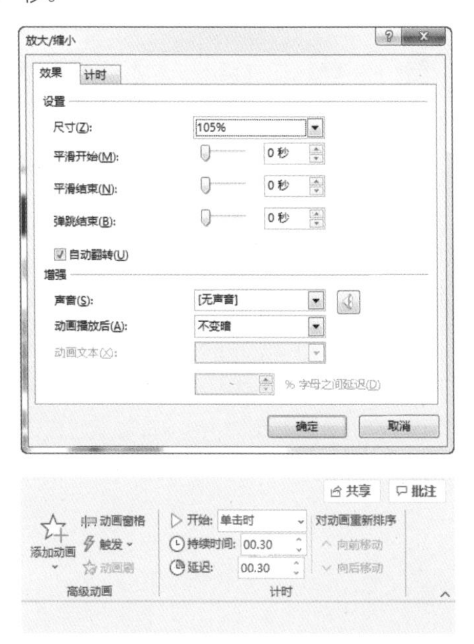

6.3 运用切换动画

用好 PPT 之间的切换动画，能够让 PPT 更出彩、更震撼。切换动画效果有一个特点，那就是它不会影响一页 PPT 里面的元素，只会影响两页 PPT 之间的换片效果。换句话说，添加了切换效果的 PPT，不管是把它保存为 PDF 格式发送给对方，还是打印出来，都不会影响效果。

下图展示了 PowerPoint 软件内置的切换方式，以“细微”“华丽”“动态内容”为标签对它们进行了区分。

其实，PPT 中的切换效果大致可以分为两类。一类是平滑的切换，即两页 PPT 之间的过渡是顺畅的，没有明显的其他形状介入。另一类切换效果是比较割裂的，观众能够明显感觉到两页 PPT 是不同的两个部分。

我们举例进行说明，下面是两页纯色的 PPT。

应用平滑的切换动画效果，软件会自动补充过渡色，在规定的时间内依次显现出来。

1 平滑的切换

平滑的切换效果相对来说比较少，“淡入 / 淡出”和 PowerPoint 2019 版提供的“平滑”切换功能是为数不多的平滑切换效果。使用平滑的切换效果可以轻松完成两种状态的过渡，比如彩色到黑色、线稿到成品、模糊到清晰、概念到场景等。

想象一下，插入两张图片，应用“淡入 / 淡出”的切换动画，屏幕缓慢由彩色转变为黑白，可以表达现实和历史的转换、热闹和沉默的转换。

选中一张图片，在“格式”选项卡中选择“艺术效果”下拉菜单中的“铅笔素描”效果，即可将原图转变为线稿。从线稿到成品，应用“淡入 / 淡出”的切换动画，就可以表现设计落地的过程。在纸上勾勒的线条最终变为可以触碰的实物，其中的打磨就在两页 PPT 的切换中表现了出来。

打开思路，平滑的切换还能从模糊到清晰，可以表现视力的恢复、心灵的沉静、焦点的转换等。

当我们需要表现将一个概念应用于实际时，也可以采用这种方式。如下面第 1 页 PPT 放置概念图，第 2 页 PPT 放置实景图，两者缓慢过渡，从聚焦产品动态过渡到实际的应用场景。

除此之外，巧用 PowerPoint 2019 版提供的平滑切换功能还能实现炫酷的主体变形、聚焦主题、放大细节、多角度观察、场景化演示等效果。

2 开门切换效果

割裂的过渡效果比较多，这里提供一种思路，那就是可以将 PPT 中的内容和切换的形式融合在一起。

有一种切换效果叫作“门”，它让前一页 PPT 从中心轴线上裂开，向两侧消失。

我们可以找到一张中心对齐的大门图片，为它应用这个效果，似乎真的是在一扇门打开之后才呈现出后面的一页。

3 翻页切换效果

PowerPoint 2013 及之后的版本有一种切换效果叫作页面卷曲。如果 PPT 的页面版式设计如同图书一般，这个页面卷曲效果就能够很逼真地还原书本的翻页效果。

4 连贯切换效果

相邻两页 PPT 之间的元素首尾相接，使用“推入”切换动画，就能够在 PPT 切换时，从视觉上将它们连起来。推入可以选择方向，因此这种连贯可以是横向的，也可以是纵向的。

5 揭幕切换效果

PowerPoint 2013 及之后的版本有一种叫作“帘式”的切换动画：页面像帷幕一般向两侧拉开，露出下一页 PPT。这种切换效果非常适合用于揭幕或总结篇章。被切换页面如果是类似于帷幕的设计，视觉体验会更棒。

在一场 PPT 演示中，不建议添加太多种切换效果，这样会让观众头昏眼花。

提示

内页 PPT 之间的切换应以无效果或“淡入 / 淡出”动画为主；章节之间的 PPT 切换可以考虑割裂的切换效果，以表现内容的不同归属；开头或结尾可以考虑应用比较独特的切换效果。

6.4 用 Photoshop 辅助 PPT 设计

PowerPoint 软件的功能十分丰富，用户几乎可以在其中完成所有的版式编排任务，但这并不代表它可以便捷地做出所有效果。而利用专业的设计软件可以非常便捷地做出 PPT 难以达到的效果，Photoshop 就是这样一个工具，它所做的事情就是帮助我们处理素材，让 PPT 变得更有设计感。

6.4.1 图层混合模式

Photoshop 的图层混合模式决定了当前图层的像素和下一个图层的像素的混合方式，不同的混合模式的效果也不一样。图层混合模式在 Photoshop 页面右下方的“图层”面板中，默认效果为“正常”。

基于制作出图像融合的 PPT 这一目的，我们只需要熟练掌握两个混合模式：“滤色”和“正片叠底”。

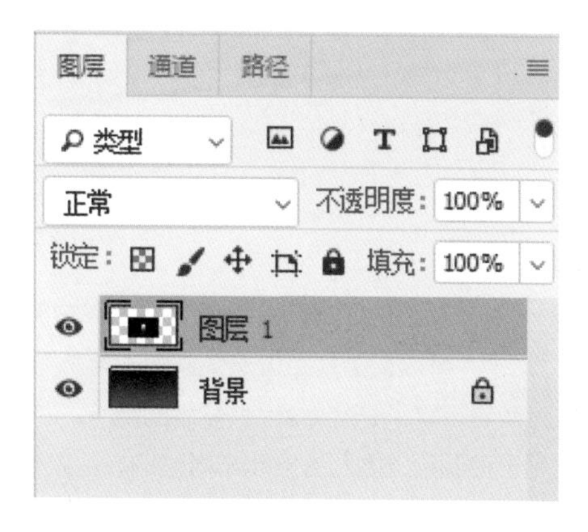

变暗
正片叠底
颜色加深
线性加深
深色

变亮
滤色
颜色减淡
线性减淡（添加）
浅色

“滤色”属于加色模式，滤色混合能让图层中的黑色消失。“正片叠底”属于减色模式，正片叠底混合能够让图层中的白色消失。

举个例子，在背景中我想插入一张产品图片，但是图片都是带白底的，这种情况相当常见。

就算是用 PowerPoint 软件中的“设置透明色”和“删除背景”功能，也难以处理好倒影和阴影。在 Photoshop 中，将图层的混合模式更改为“正片叠底”，就能够让图层中的白色消失，并且效果十分自然。

6.4.2 蒙版

Photoshop 的蒙版是一个非常有用的工具，可以说是图像融合的必备工具。前面讲过，如果 PPT 中的图片不适合直接写文字，可以在图片上盖一个蒙版，再来写文字。PPT 中的蒙版指的是透明填充的形状，这个叫法其实是吸取了 Photoshop 蒙版的精髓。Photoshop 蒙版也是透明填充的形状，不同之处在于，它用于控制所选图层的显示与隐藏的参数只有明度（黑、白、灰），没有颜色。黑色用来隐藏，白色用来显示，口诀是“黑遮白显”。

用好蒙版，我们能够实现多个素材的视觉融合。举个例子，如右边这一页 PPT，看起来有点单调，我们希望为它添加一些点缀元素，但除了换背景图之外，似乎无计可施。

如果能够熟练应用蒙版，就可以更高效、更具创意性地使用素材图片。

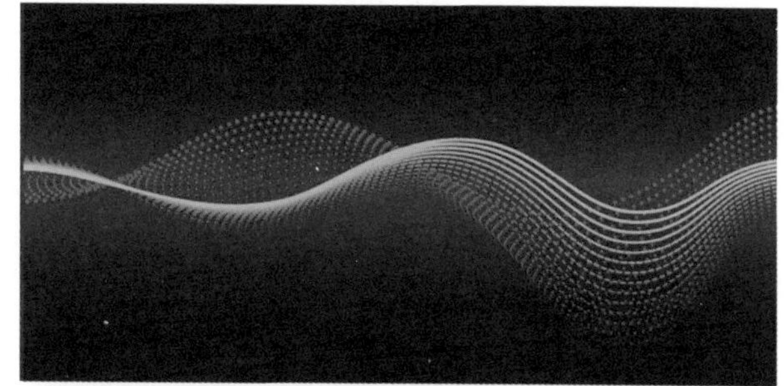

将上面那张素材图直接插入原 PPT 的背景中，会出现如右图所示的生硬的边缘。

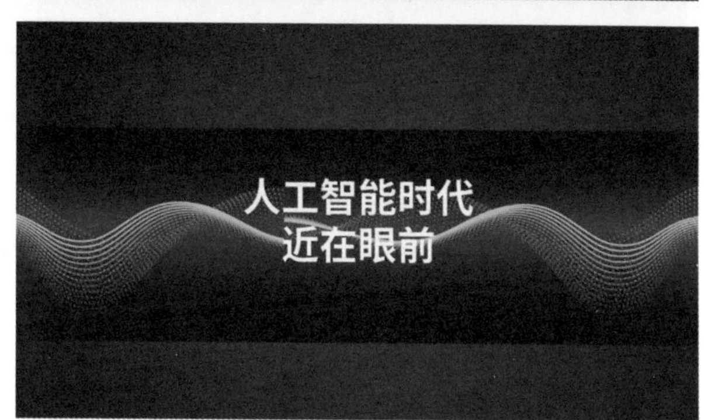

为素材添加蒙版，并用黑色的画笔轻轻勾画，记住口诀“黑遮白显”，黑色的蒙版隐藏了素材的生硬边缘。右图是完成一侧后的效果。

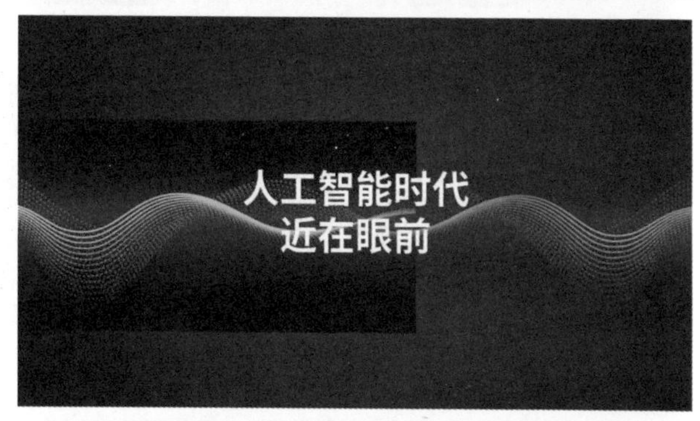

运用蒙版，并不是简单地找背景图和换背景图，而是为了制作出独特的、符合 PPT 风格的背景图。

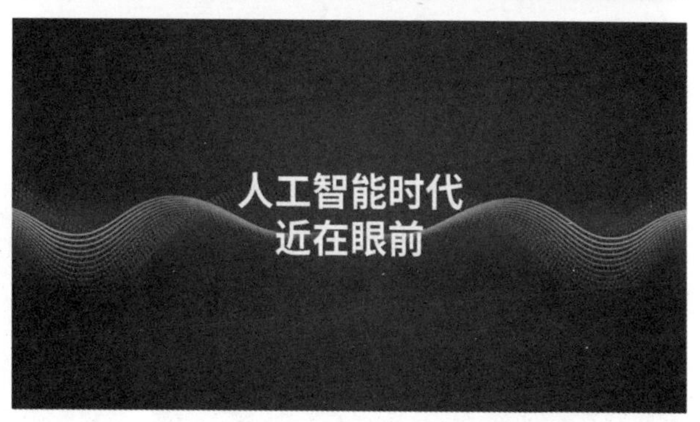

6.4.3 色相 / 饱和度

如果多个素材之间的颜色差异比较大，就需要引入“色相 / 饱和度”调整命令。在 Photoshop 中单击“图像”菜单，然后在打开的下拉菜单中选择“调整→色相 / 饱和度”命令。

“色相 / 饱和度”对话框的参数如下右图所示，该对话框中的 3 个滑块分别对应了 HSL 色彩模式中的色彩三要素：色相、饱和度、明度。通过这 3 个要素的调整，基本上可以统一所有的素材颜色。

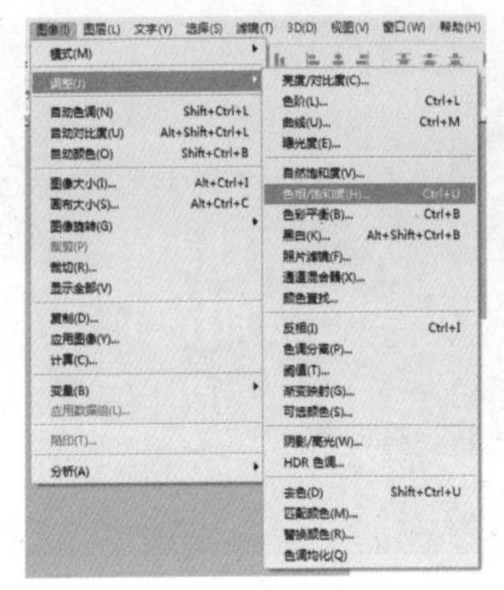

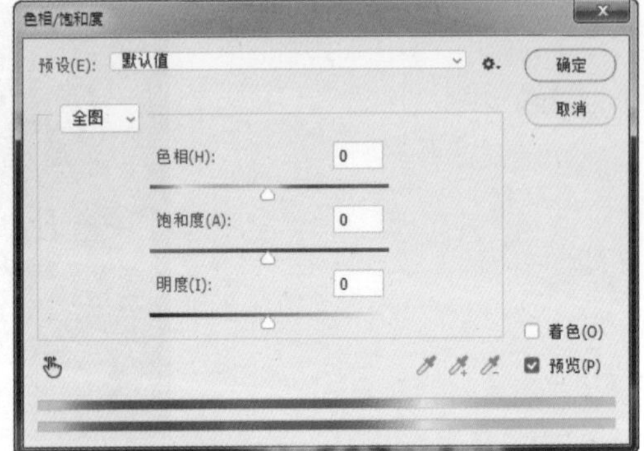

举个例子，我们希望做一张富有科技感的背景，找到了如右图所示的这几个素材并把它们拼在一起。

它们之间的颜色差异较大，整个页面因而而缺乏一致性。分别对 3 个素材进行色相 / 饱和度调整，将色相向红色偏移，修正饱和度和明度，以匹配多个素材的视觉效果。

这样一来，页面以红色为主色统一起来，看起来比较和谐，然后插入主体图片。

主体的颜色与背景同样相差较大，调整色相滑块，使两者匹配。

排入文字后的效果如下右图所示。

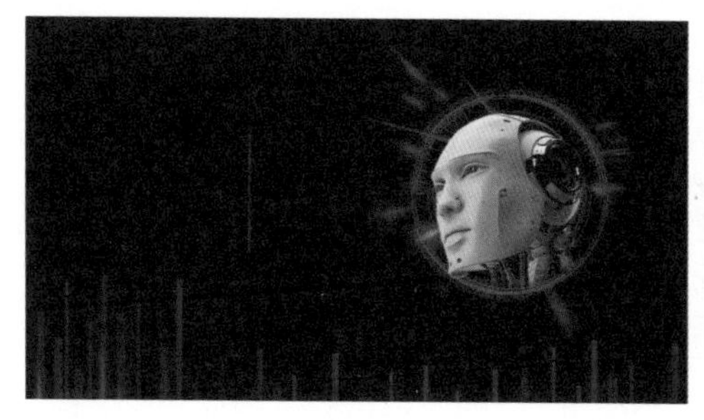

由此可见，色相 / 饱和度调整加上蒙版技巧，可以让 PPT 设计的范围大大拓宽。下面继续举例演示，我们在页面中插入了 4 份科技感十足的线条素材。

首先，通过色相 / 饱和度功能把颜色统一为青蓝色。

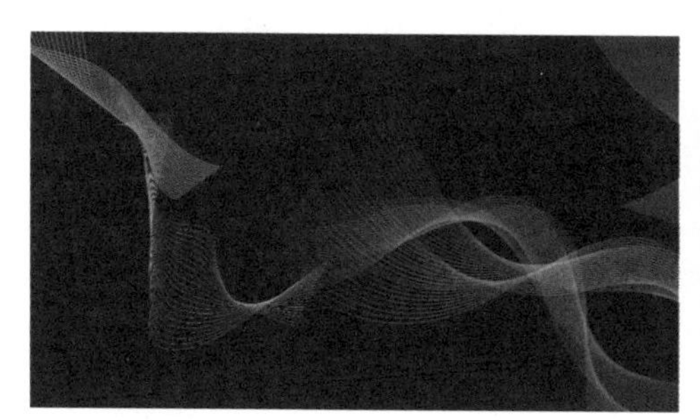

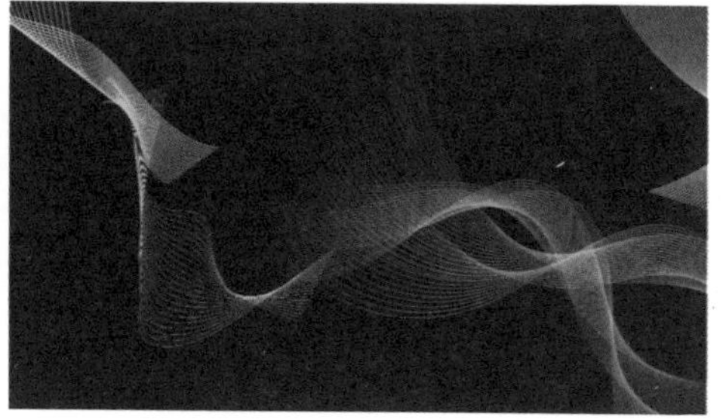

然后为每个素材添加蒙版，用黑色柔边画笔将锐利的边缘遮挡起来。

这样就完成了一张不错的背景，插入文字并排版，一张富有科技感的 PPT 就制作完成了。

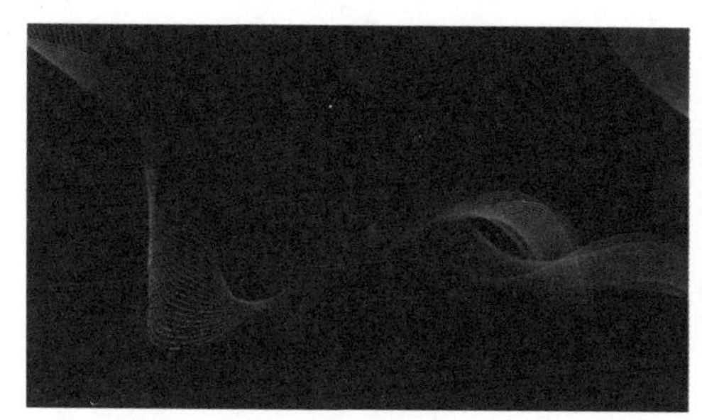

6.5 用 Illustrator 辅助 PPT 设计

计算机图像分为两种格式，一种是位图，一种是矢量图。6.4 节介绍的 Photoshop 属于位图处理软件，Illustrator 则是专门绘制矢量图的软件。

6.5.1 墨迹的应用

用PowerPoint软件自带的形状绘制工具绘制出的就是矢量图形，但以基本形状为主，效果有限。使用 Illustrator 软件则能够让我们的 PPT 更加出彩。

下面举例说明，应用 Illustrator 能够将墨迹效果引入 PPT 中。

相比横平竖直的矩形图片，墨迹的视觉效果更惊艳。

网络上可以搜索到很多矢量格式（EPS、AI）的墨迹素材，不过下载的时候要注意版权问题。运用这类素材制作 PPT 的具体操作如下。

步骤 01 在 Illustrator 中打开素材。

步骤 02 将墨迹复制到PowerPoint软件中。

步骤 03 在PowerPoint软件中选中该图形，连续取消组合两次，直到图形变为可直接更改填充颜色的形状（“图形对象”）。

这样，我们就能够用图片填充该形状了。

墨迹本身具有很强的装饰效果。举个例子，下面这页 PPT 虽然版式平衡，但总感觉缺点什么东西。

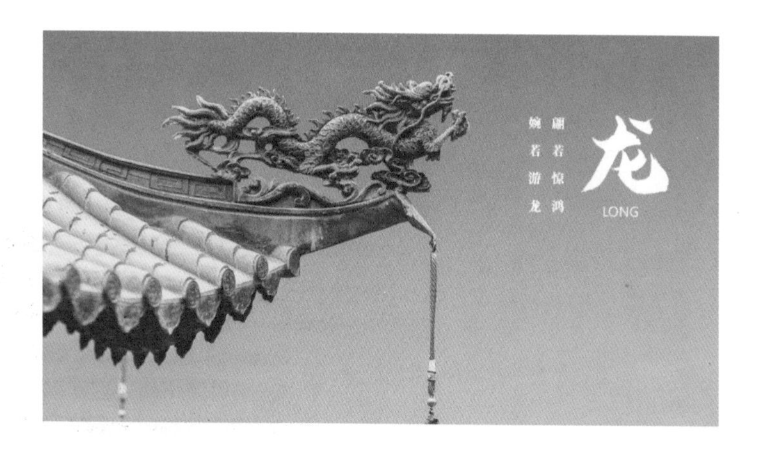

页面左侧较浓重，细节很多，相比之下，右侧文字处的层次感偏弱。在右侧插入一笔墨迹，即可平衡页面，增强层次感。墨迹疾驰转向的形态和干湿相间的观感，契合画面主题。

6.5.2 墨迹的绘制

除了应用既有素材以外，我们也可以自己绘制墨迹，具体步骤如下。

步骤 01 在 Illustrator 中按 F5 键调出“画笔”选项卡。

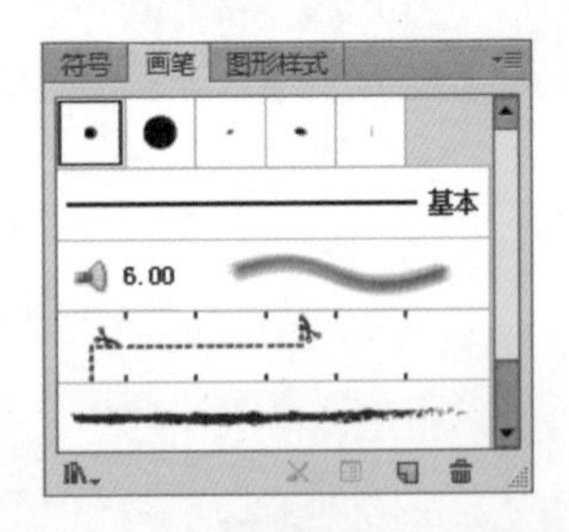

步骤 02 单击选项卡左下方的“画笔库”菜单。

步骤 03 选择“矢量包”中的“颓废画笔矢量包”。

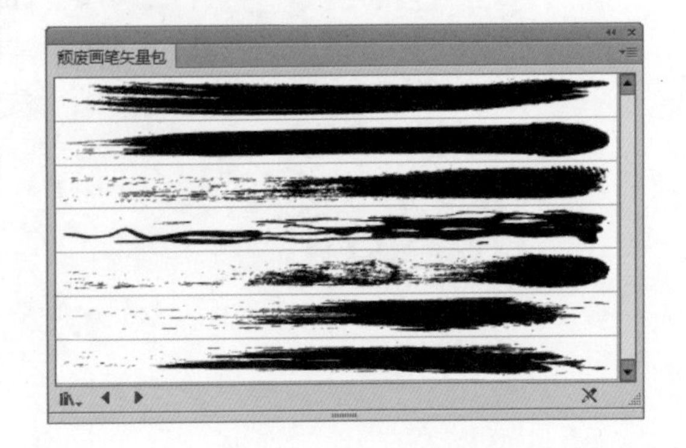

步骤 04 用画笔直接绘制即可。如果选择其他的预设，我们还能够绘制出其他笔触，例如在“画笔库”菜单中选择“艺术效果 _ 水彩”，就能够方便地绘制出半透明的水彩效果。同样，这样绘制出的图案都是矢量格式的，能够插入 PPT 中，并且我们还能在其中填充图片。

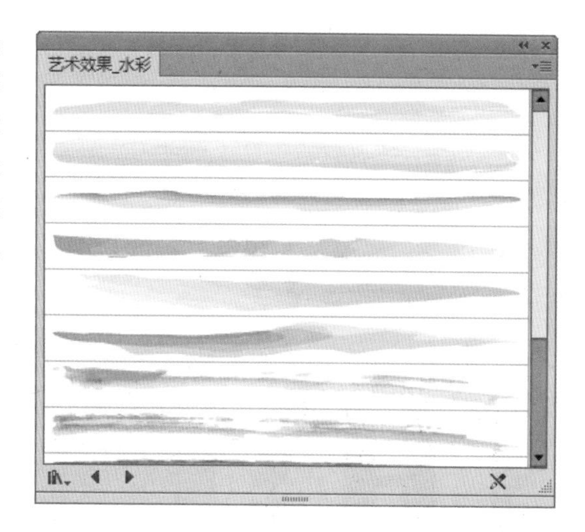

6.5.3　位图转矢量图

有时候，我们会拿到一些位图格式（JPG、PNG 等）的素材，但它们不够清晰，例如公司的 Logo，只有一张图片，需要放大展示的时候就不好看。我们可以在 Illustrator 中进行一下转换，具体步骤如下。

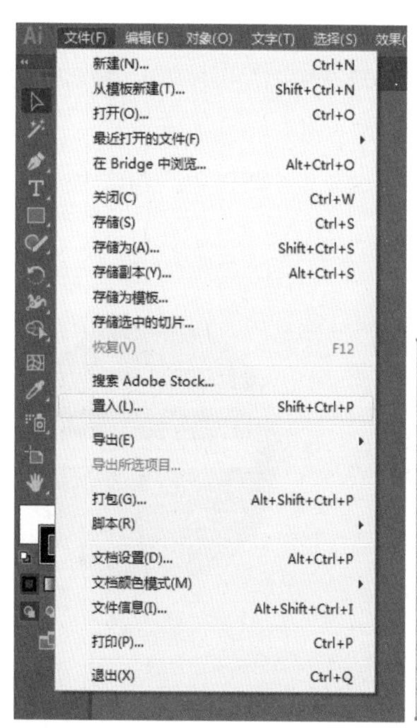

步骤 01 在 Illustrator 的菜单栏中打开“文件”选项卡，选择其中的“置入”命令，通过弹出的对话框选择并置入 Logo 图片。

步骤 02 选中 Logo 图片，然后单击右侧功能面板中的“图像描摹”按钮。

步骤 03 单击“图像描摹”按钮后，系统会弹出一个下拉菜单（如下右图所示），其中的各种命令代表了不同的描摹方式，对于 Logo 而言，我们选择“黑白徽标”即可。

步骤 04 描摹完成后，单击右侧功能面板中的“扩展”按钮（如下面的左边两张图所示）。

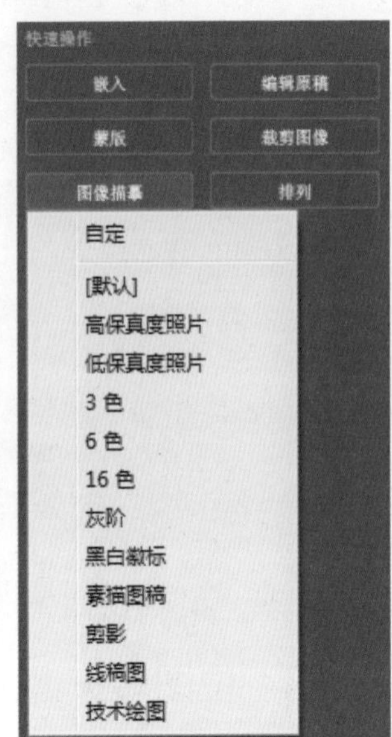

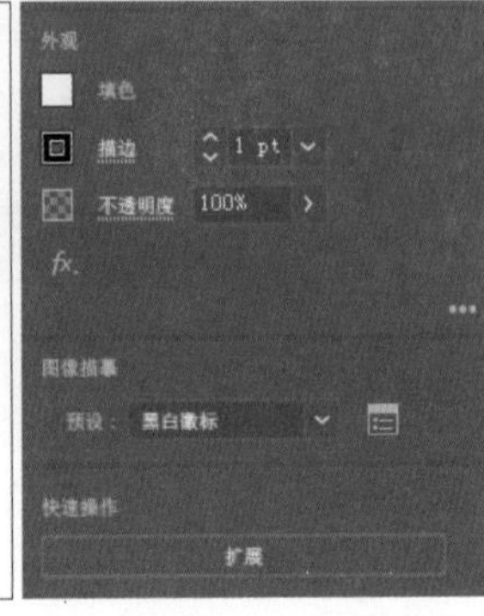

图像描摹的作用，就是让软件自动识别位图中的轮廓边缘，建立计算模型，然后将位图转换为矢量图。举个例子，我们本想在 PPT 中插入某个图标，但现在却只能找到图片文件，将它插入 PPT 并放大，它会显得模糊。

这时就可以用这个位图转矢量图的方法，将图标转换为矢量图并插入 PPT 中。这样，图片就能够随意变化大小并且保持边缘锐利、清晰了。

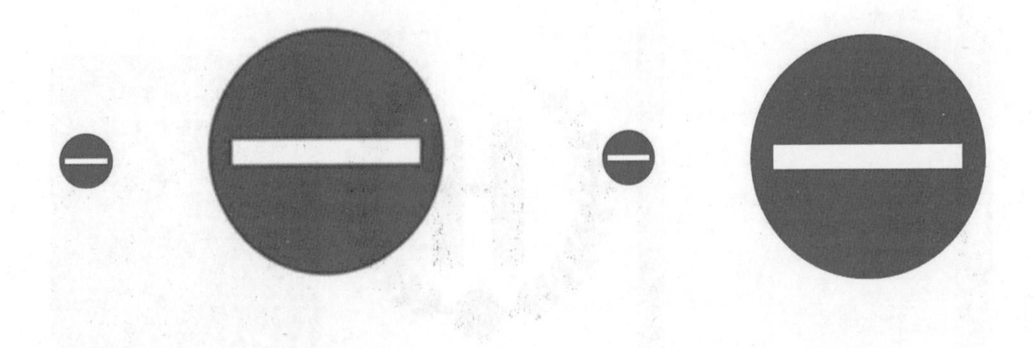

第 7 章

PPT 并非全部

本章导读

尽管这是一本讲怎样做好 PPT 的书，但是我还是要强调，PPT 并非完美演示的全部，它只是一个辅助的好帮手。观众是来听演示者讲了些什么，而不是来看 PPT 里面放了些什么的，演示者才是主角。因此，界定好 PPT 的位置，才能够更好地进行准备。做完 PPT 并不代表万事大吉，有一份好看的 PPT 并不代表演示就会非常成功，演示者的技巧和心态也会影响演示的效果。

7.1 借助可视化的演示技巧

搭配 PPT 的演示和脱稿演讲之间有很大不同。如果我们制作了 PPT，那么它就应该在我们的演示中起到很好的辅助作用；而不能让它阻碍我们的演示，甚至拉低演示水平。

PPT 这个很棒的助手可以帮助我们把用语言难以描述的事物变得可视化。想象一下，当你在介绍业绩的时候，光凭口说肯定没有放一张图表来得直观。

如果我们亲自制作了一份 PPT，我们必然对演示的整个框架非常了解。我们在演示之前就收集了大量资料，进行了大量思考，在演示的时候就会更加自信。

但是这也带来了一个认识误区：只要做好了 PPT，一场演示就几近完成了，剩下的工作就是照着做好的文稿念。如果走进这个误区，最后往往是出力不讨好，既花了大量时间来制作 PPT，又没有在演示现场发挥出它应有的作用。因此，在借助 PPT 进行演示的时候，我们要注意以下几个问题。

7.1.1 不要紧盯着 PPT

尽管演示者用 PPT 来给自己提词十分方便，但 PPT 并不是信息传达的主体，演示者才是。观众是来听演示者演说的，因此演示者要与观众有互动，这样他们才不会觉得是在听一个没有情感的机器读书。从 PPT 上移开视线，让自己的眼神移动，并且配上一些肢体语言，就能够让演示变得更加有趣。

7.1.2 不要被 PPT 牵着鼻子走

应该是我们控制 PPT 的显示，而不是让 PPT 的切换速度控制我们的演示。

最好的 PPT 演示，在切换的时候应该是盲切的，也就是说演示者即使背对着大屏幕，也能够很顺畅地在准确的时间将 PPT 切换到下一页，可视化的内容在它应该出现的时候出现。

在听汇报的时候，我们经常听到这样的衔接词——“这一页 PPT 讲的是……这一页 PPT 讲的是……让我们来看看下一页 PPT 讲的是什么”。演示者整场都在解释 PPT 写了些什么，这就是典型的“被 PPT 牵着鼻子走”的案例。演示者要成为驾驭 PPT 的主角，就需要在实际演示前多熟悉 PPT 的内容，将它和自己要讲的内容按顺序匹配起来。

7.1.3 PPT 的内容量要适度

PPT 的内容越细，观众就越不会看演示者，都去读 PPT 了。如果 PPT 里包含了所有的信息，那直接把 PPT 打印出来给观众看不就好了吗?

此外，太大的信息量，在短时间内是难以被接受的。一般而言，观众对于主题的熟悉程度是远远不如你的，你需要一点一点、循序渐进地将内容摆出来，一页 PPT 中不要放太多要点。

如果一项内容确实太多，就把它分成几页来讲。这样观众才能够很快地从 PPT 中找出关键词，然后回过头来听演示者讲述。

7.2 练习是信心的来源

在我们花费大量时间制作好 PPT 后，许多人就将 PPT 成果放在一边，然后等待正式演示时刻的到来。但这些人其实跳过了一个非常重要的步骤，那就是练习。

不经过练习的演示，在现场可能出现很多问题，比如忘词、思维混乱、照本宣科、节奏失控等。多次演示的经历告诉我，如果我在演示之前对制作的 PPT 进行了练习和预演，那么演示的结果往往会比直接拿着 PPT 就讲要好很多。

练习可以让我们对 PPT 的整体逻辑更加熟悉，将关键词烙印在自己的脑海中，在演示的时候就会自然而然地把它们呈现出来。同时，预演也能够帮助你找到自己在表达方面的一些问题，比如“嗯”“呃”等口头禅。

不要觉得练习是在浪费时间，也不要认为练习是能力不足的表现。就连经验丰富的乔布斯，在演示之前也会花大量的时间进行练习。一场 TED 演讲，在专业的团队和教练的帮助之下，演讲者仍然会花长达数月的时间来打磨和练习。

因为只有在预演中才能够找到实际存在的问题，只有练习才能够缓解紧张和焦虑情绪。

如果你是一个经验不丰富的演示者，练习你将要演示的内容就是你唯一的自信来源。与其一直担心自己不能完美发挥，不如先在背后下足功夫。

这里推荐 3 种练习 PPT 演示的方式。

- 找一个安静的地方，对着 PPT 逐页演示。这种方法能够帮助你很好地梳理自己的语句并找到自己表达上的问题。

- 邀请朋友或同事，组织一场小规模的预演。利用这种方式能够从别人那里获取更加客观的评价和建议，以便找到自己的盲点。

- 在睡觉前或正式演示前，花一点时间静静冥想，将自己代入实际场景里，想象自己会以怎样的语气来开场，回顾每一个细节，梳理自己的演示逻辑。采用这种方式有助于使内容进入你的潜意识，让你的演示变得更加自然而顺畅。

一场演示是一个迭代的过程，在制作 PPT 和练习之间，我们有可能要重复多次才能得到一个好的结果。但请相信，练习是十分有必要的。如果在没有压力的场合中都讲不好，那怎么能够期望在真实演示的时候一次成功呢?

7.3 接纳不完美

尽管花了大力气来准备演示，但在演示现场，仍然可能会出现一些小差错。例如，不小心将一个词语说错了，忍不住咳嗽了一阵，或者播放 PPT 的计算机停止响应了。

这时候，我们脑子里冒出的第 1 个想法往往是：这场演示毁了，真想重讲一遍。于是，尴尬的表情出现在我们脸上，会场中的空气逐渐变冷。在演示结束后，我们还会懊悔当时出现了这样的错误。

其实，观众对于这些小问题，往往没有你自己想象的那么重视，他们更加注意的是你整体的演示。因此，当出现这些小问题的时候，完成演示比完美演示更重要。没有一场演示是十全十美的，坦然地接受这一点，才能够用更好的心态去完成它。

当真的出现这些小差错时，我们可以用真诚的态度进行补救。

真诚地承认出现的问题，可以说一句“不好意思，这台电脑出问题了，我们换上备用设备再继续”，也可以用幽默的话语带过。

曾经，比尔·盖茨在大会上展示操作系统自动安装驱动这一特性时，现场给计算机上插入了一个扫描仪，结果屏幕上立刻出现了我们熟悉的蓝屏界面。比尔 · 盖茨很淡定地说：“嗯，这就是为什么我们现在还没正式发售它。”

试想，如果比尔 · 盖茨当场对技术部门发难，大家肯定会觉得这款产品真的存在很大问题，但一句幽默的话语，反而换来大家会心一笑，毕竟没有人是完美的。

7.4 用热情感染观众

每个人都可能遇到过可怕的演示经历，只不过这种经历来得或早或晚。在那次可怕的经历中，我们站在台上手足无措，脸色发白，满头大汗，但就是讲不出一个字来。

当我们好不容易从讲台上走下来，头上和背上的汗水蒸发掉了，但是对于当众说话的恐惧却可能深入骨髓。直到后来，我们遇到每一场演示，都会不自觉地有点紧张和焦虑。即使经过充分的准备，得到了不错的结果，其实也只是完成了一个任务，问题依旧存在，只是被埋藏得更深了。

其实，我们只需要转变一下思路就能够解决这些问题：当你为即将要讲的内容而激动不已的时候，这些负面情绪就会自动消失。

如果你把一场演示当作任务，那你就会感觉到紧张和焦虑；而如果你把一场演示当作自己在给观众送礼物，这场演示就会变得更加有趣。

很多时候我们之所以害怕当众说话，就是因为害怕批评，我们把更多的注意力放在了自己身上：自己能不能完美地发挥，能不能把准备好的东西都讲出来，能不能获得一个完美的评价，等等。但实际上，观众才是主角，他们并不太关心演示者，他们关心的是演示者分享了什么样的内容。演示者将太多的注意力放在自己身上是完全没有必要的。

我们要做的就是确定分享的内容是非常有价值的，并且为能够分享这些内容而感到激动，只有当你确定了，观众才会相信。这样，你的眼神会自然而然变得坚定，语言会更加有感染力，表情也会更加自然。

现在你有了充足的准备，通过充分的练习发现并修正了问题，并且对自己即将分享的内容充满热情，那还有什么能够阻挡你的呢？带上你的得力助手——PPT，出发吧！